U0828941

华中机汽

智能制造领域高素质技术技能型人才培养方案精品教材
高职高专院校机械设计制造类专业“十四五”系列教材

机械识图与项目训练习题集

JIXIE SHITU YU XIANGMU XUNLIAN XITIJI

主　编 ◎ 刘海兰　许志荣
副主编 ◎ 李小平

華中科技大學出版社
http://press.hust.edu.cn
中国 · 武汉

内 容 简 介

本习题集与刘海兰、许志荣主编的《机械识图与项目训练》配套使用。

本习题集上篇共由四个模块组成，内容主要包括 AutoCAD 平面图形绘制、三维模型建立、三视图及剖视图的读图和画图练习；下篇共由三个项目组成，内容主要包括螺纹及其连接、键连接、销连接、弹簧、齿轮、滚动轴承、表面结构、极限与配合、几何公差、零件图、装配图等读图和画图练习。

本套教材充分体现了以职业活动为主线，在讲中学、学中练的鲜明职业教育特点。

本习题集可供高等职业学院机械类各专业使用，也可供其他相关人员参考。

图书在版编目(CIP)数据

机械识图与项目训练习题集/刘海兰，许志荣主编. —武汉：华中科技大学出版社，2023.6
ISBN 978-7-5680-8558-8

Ⅰ.①机… Ⅱ.①刘… ②许… Ⅲ.①机械图-识图-高等职业教育-习题集 Ⅳ.①TH126.1-44

中国国家版本馆 CIP 数据核字(2023)第 100331 号

机械识图与项目训练习题集　　　　刘海兰　许志荣　主编
Jixie Shitu yu Xiangmu Xunlian Xitiji

策划编辑：聂亚文
责任编辑：刘　静
封面设计：孢　子
责任监印：朱　玢
出版发行：华中科技大学出版社(中国·武汉)　　电话：(027)81321913
　　　　　武汉市东湖新技术开发区华工科技园　　邮编：430223
录　　排：武汉三月禾文化传播有限公司
印　　刷：武汉科源印刷设计有限公司
开　　本：787mm×1092mm　1/16
印　　张：9.75
字　　数：130 千字
版　　次：2023 年 6 月第 1 版第 1 次印刷
定　　价：32.00 元

前　　言

《机械识图与项目训练》教材是以2010年出版的《机械识图与制图》(上下册)(国家示范性高职院校建设项目成果教材)为基础，并结合这几年使用过程中积累的经验重新改编的产物。

《机械识图与项目训练》教材以任务驱动和项目训练的模式组织教学，虽然在基础模块部分的课堂教学过程中，每一任务学习后都安排了"课堂练习"环节，但课堂时间毕竟有限。本习题集与《机械识图与项目训练》教材配套使用，主要用于学生课后练习。根据高职教育特点，《机械识图与项目训练习题集》安排了大量的识图训练题型，目的在于强化学生的识图能力。和教材相对应，本习题集共含四个基础模块和三个训练项目的相关知识练习和综合训练项目，且CAD训练贯穿始终，目的在于强化学生的读图与计算机绘图的综合能力。

利用现代技术，打造3D立体教材，考虑到高职学生做题难的实际情况，本习题集中的重要训练题目均提供了二维码来展现立体模型，目的在于帮助学生建立空间概念，从而提高绘图、识图能力。

本习题集采用活页式装订方式，便于学生做练习。

本习题集由刘海兰、许志荣担任主编，李小平担任副主编，在编写过程中也得到了其他老师的帮助和支持，在此一并表示感谢。

欢迎选用本习题集的师生能够提出宝贵意见及建议，以便于再版时能够即时修正，谢谢！

编　　者

目　　录

上　　篇

下　　篇

上 篇

模块 1　认识机械图样并绘制平面图形

利用AutoCAD绘制平面图形

1.手柄

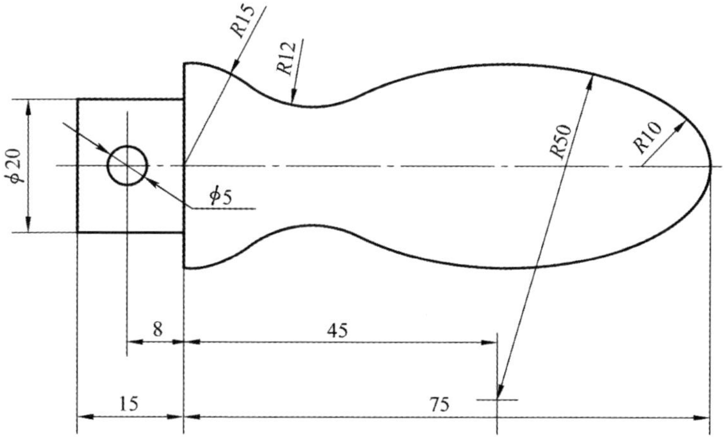

2.挂钩

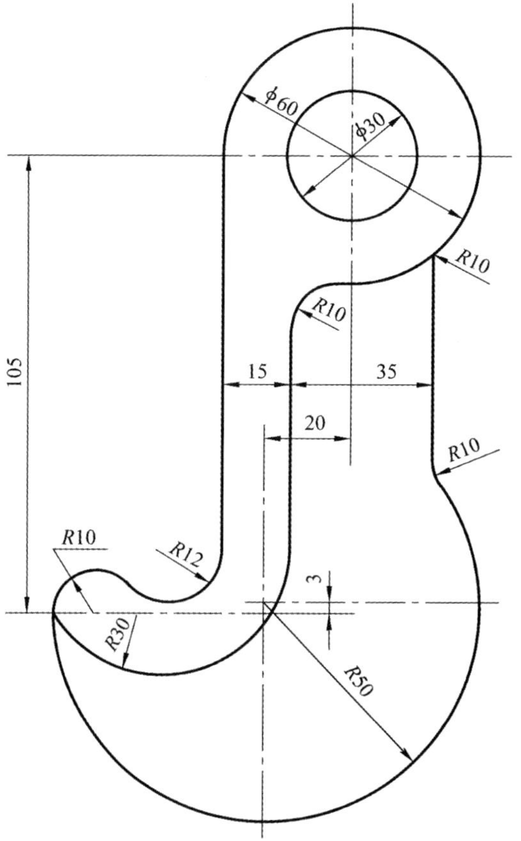

班级____________　学号____________　姓名____________

3.扳手（选作）

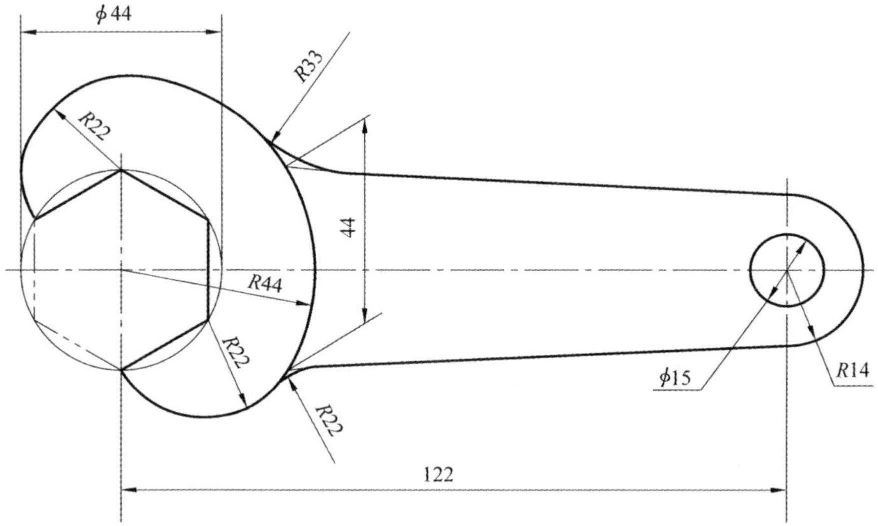

4.支架（选作）

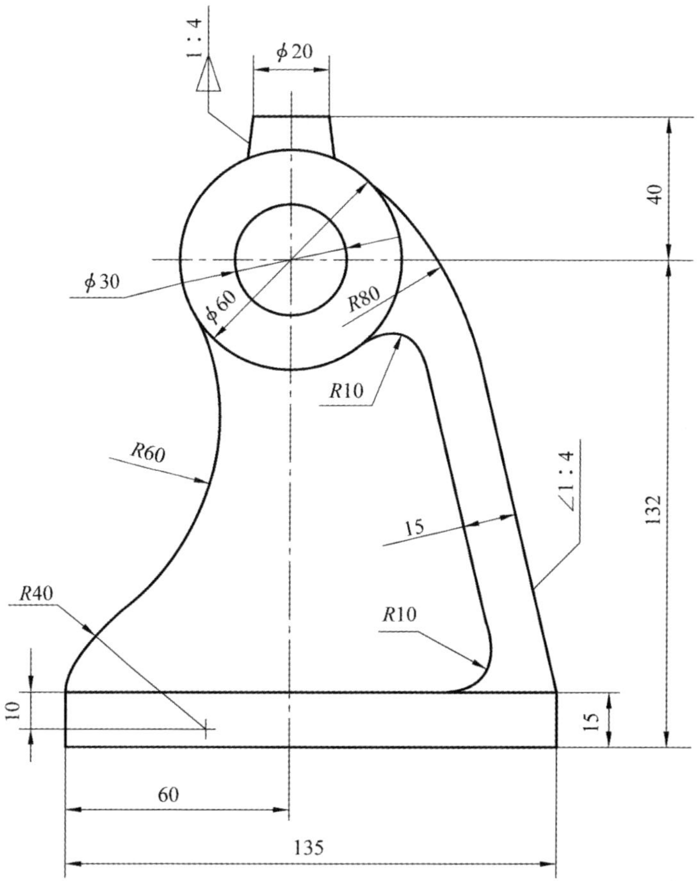

班级__________ 学号__________ 姓名__________

模块 2　认识简单零件的三视图并建立其三维模型

1-2-1　观察物体的三视图，在立体图中找出相对应的物体，填写对应的序号

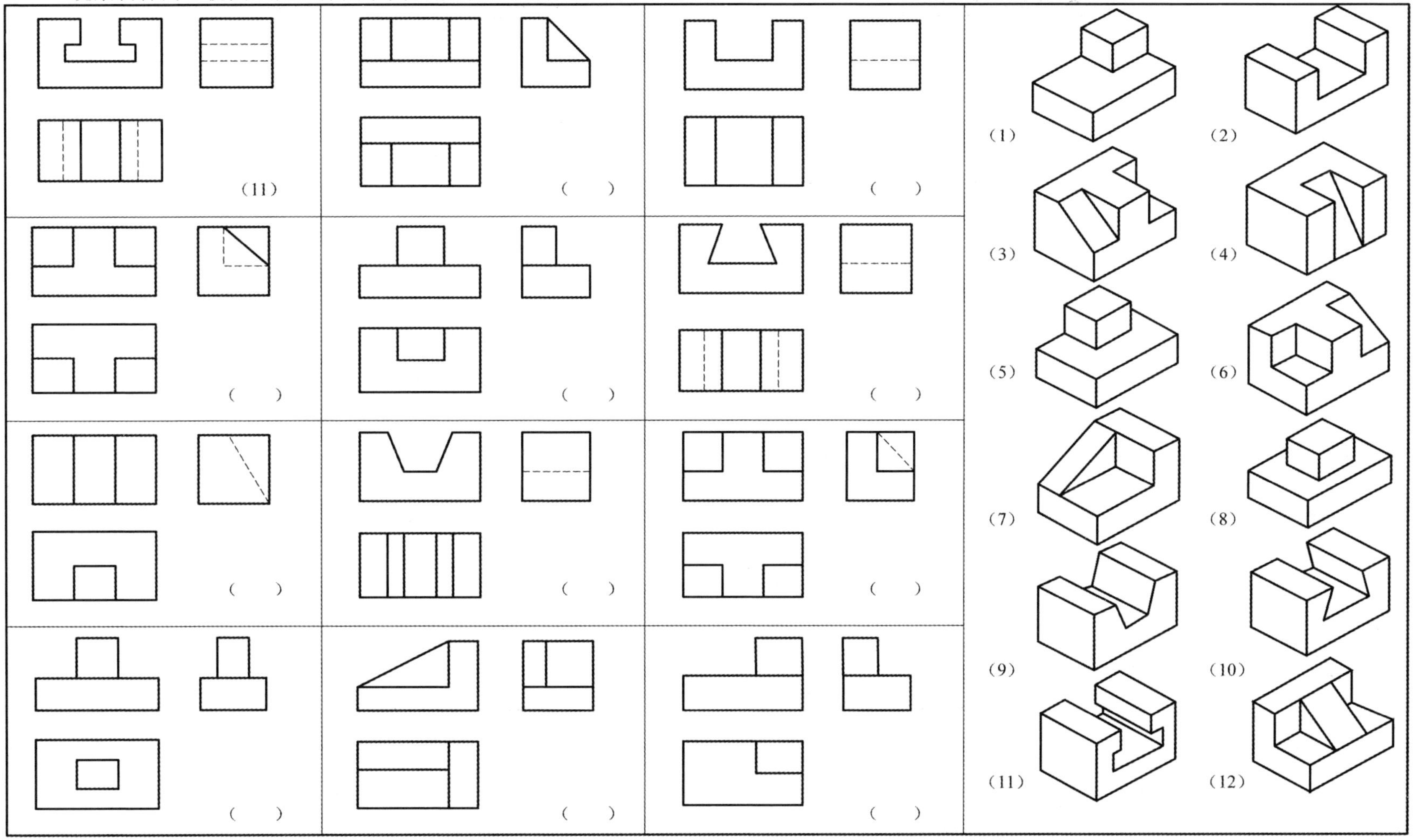

班级＿＿＿＿＿＿　学号＿＿＿＿＿＿　姓名＿＿＿＿＿＿

1-2-2　看图练习

1.选择与三视图对应的立体图编号填入括号内

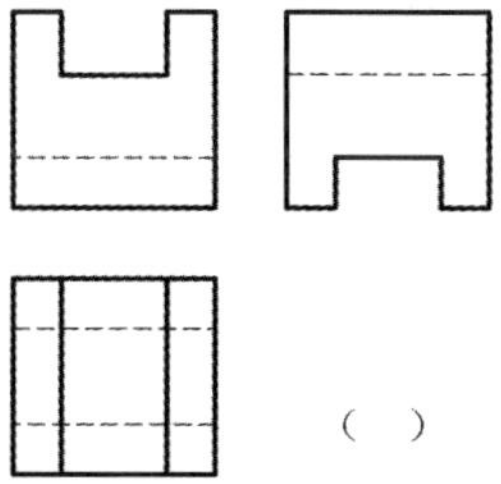

（　）

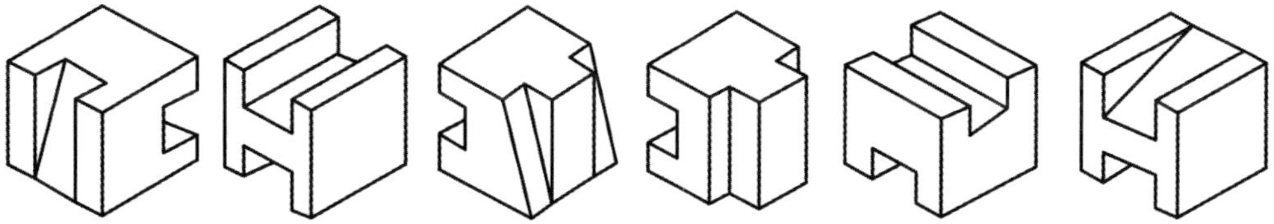

①　②　③　④　⑤　⑥

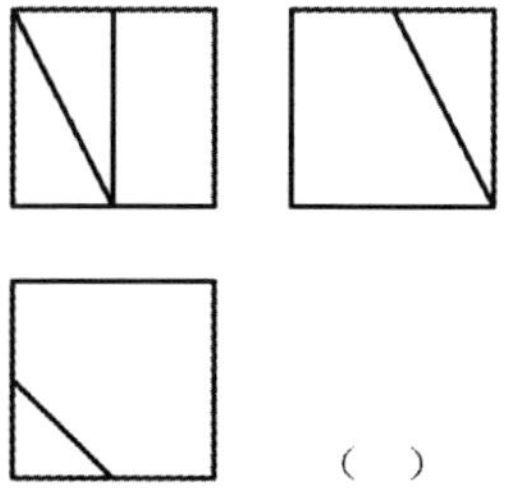

（　）

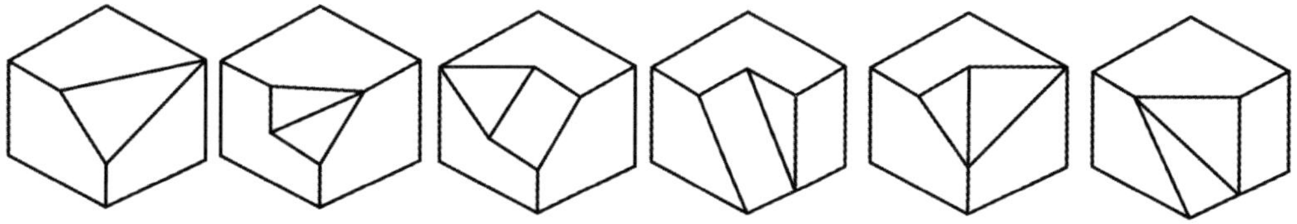

①　②　③　④　⑤　⑥

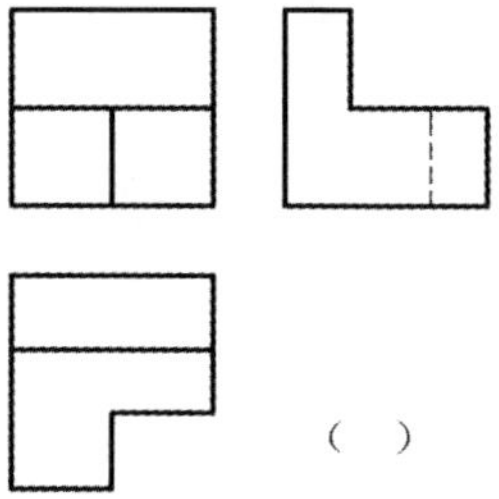

（　）

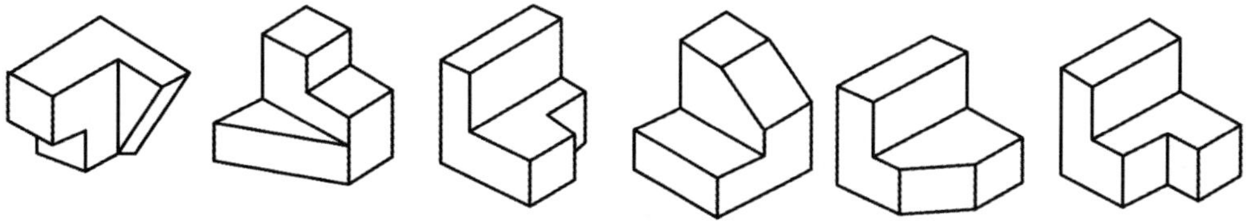

①　②　③　④　⑤　⑥

班级____________　学号____________　姓名____________

2. 选择与主视图对应的俯视图及立体图的编号填入表格内

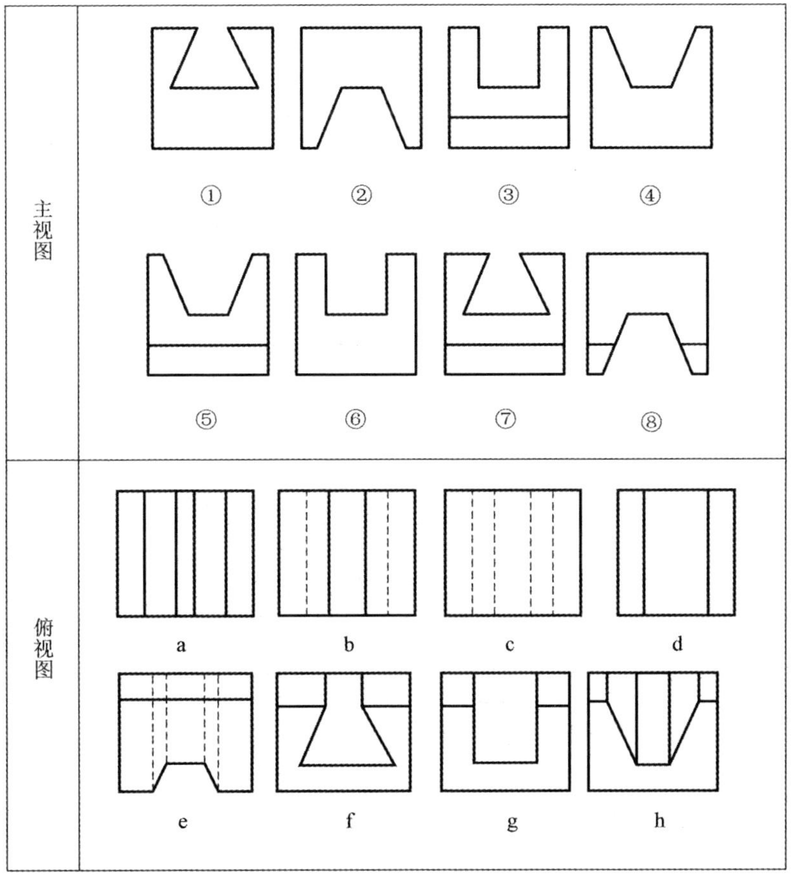

立体图

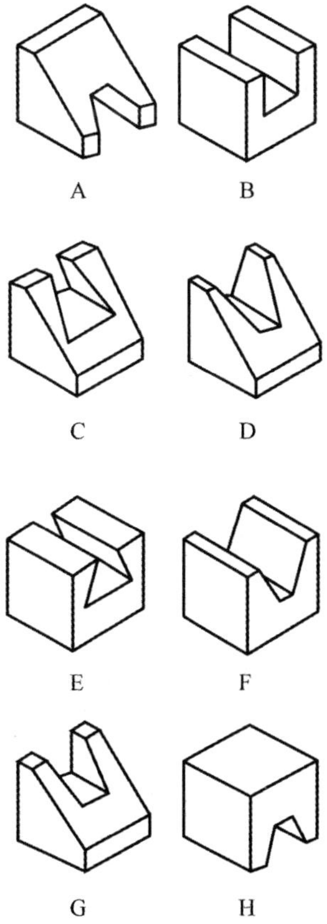

主视图	俯视图	立体图
①		
②		
③		
④		
⑤		
⑥		
⑦		
⑧		

 班级＿＿＿＿＿＿ 学号＿＿＿＿＿＿ 姓名＿＿＿＿＿＿

1-2-3　看懂两视图并根据图中所给尺寸制作三维造型

1.

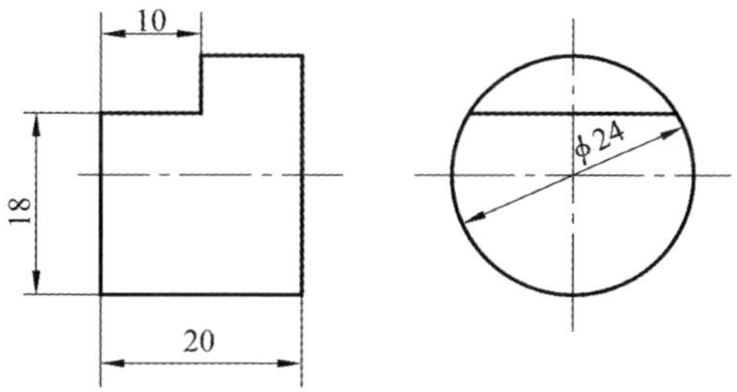

2.

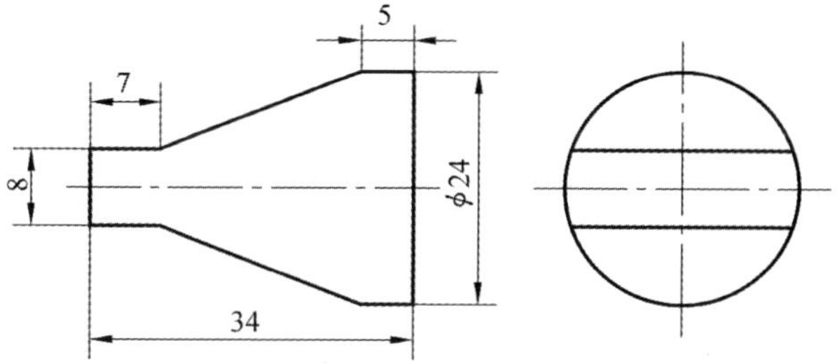

3.

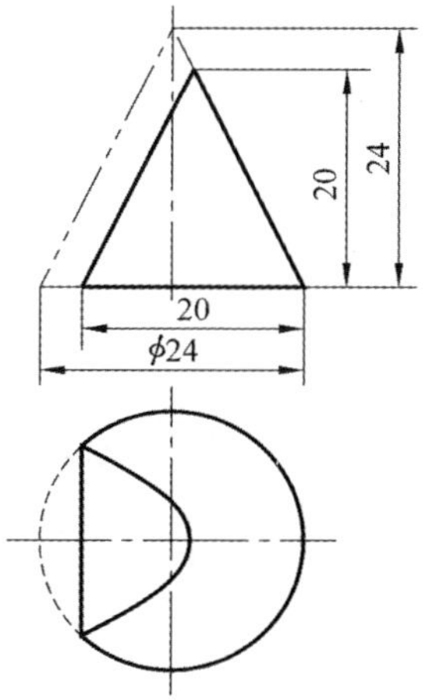

4.

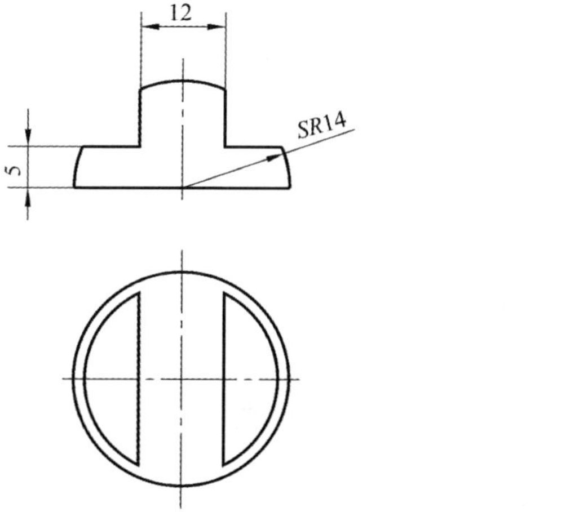

班级__________　学号__________　姓名__________

1-2-4　看懂三视图，并根据三视图中的尺寸制作零件的三维造型

1.

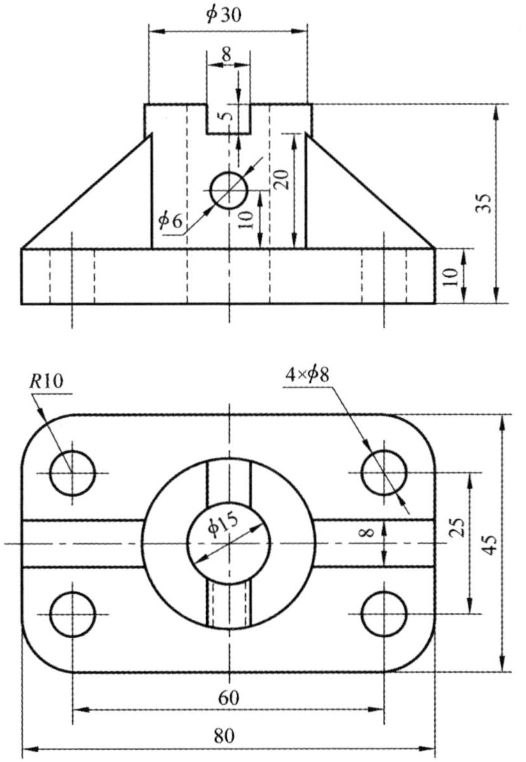

2.

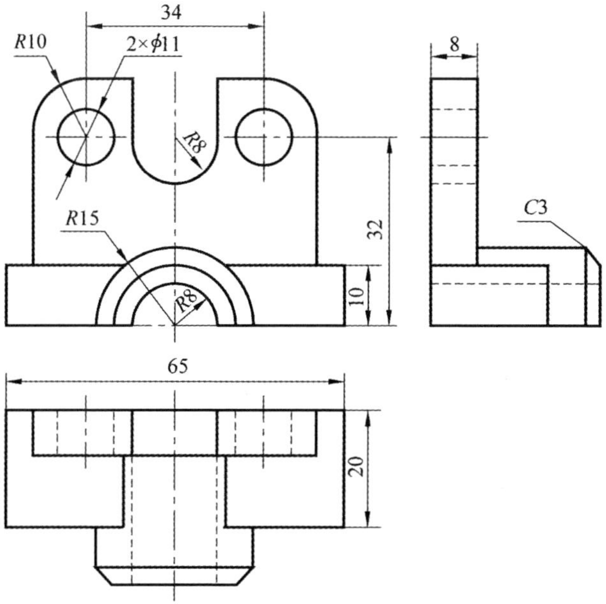

班级__________　学号__________　姓名__________

模块 3　简单零件三视图的绘制与识读

1-3-1　物体上点、直线的投影

1.求作A、B两点的第三面投影

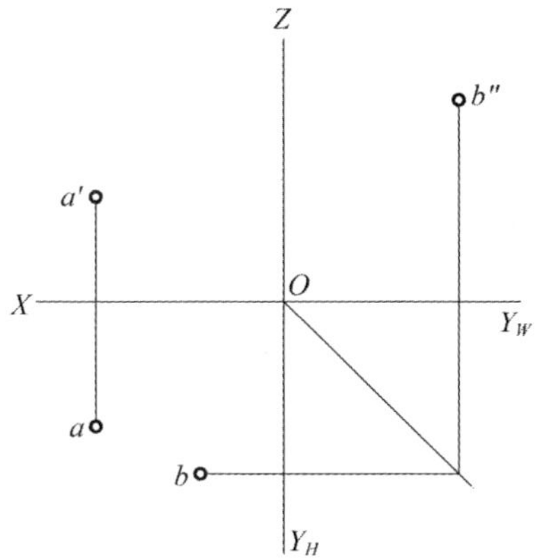

2.参照三视图，在立体图上标出C、D两点的位置并填空

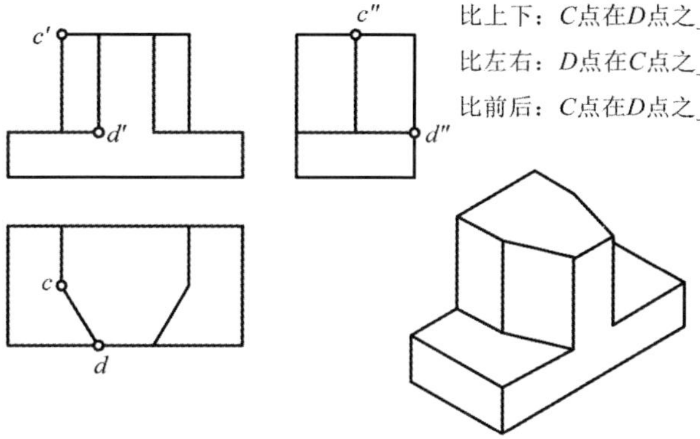

比上下：C点在D点之________

比左右：D点在C点之________

比前后：C点在D点之________

3.补画俯视图中的漏线，标出直线AC、BC、CD、AE、BF、ED、DF的三面投影并填空

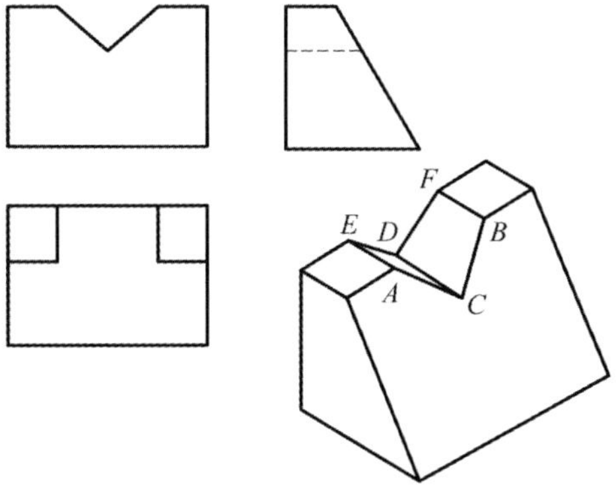

AC是____________线；

CD是____________线；

ED是____________线。

4.补画俯、左视图中的漏线，标出直线AB、CD、BD、BE的三面投影并填空

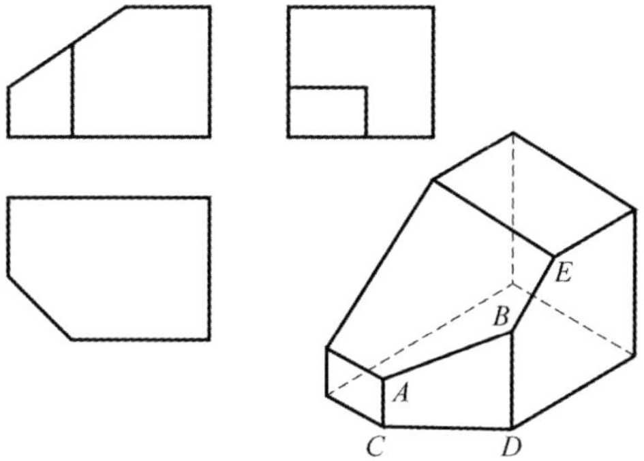

该物体中有：

______条正平线；

______条正垂线；

______条水平线；

______条铅垂线；

______条侧垂线；

______条一般位置直线。

班级____________　学号____________　姓名____________

1-3-2 物体上平面的投影——在三视图和立体图上标出指定平面的另外两面投影，并填空

1.

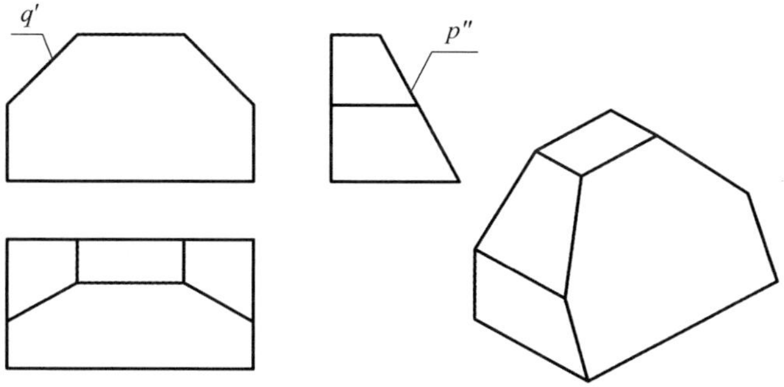

*P*面是_____面，它在*H*、*V*两面的投影为类似的_____边形；
*Q*面是_____面，它在*H*、*W*两面的投影为类似的_____边形；
该物体有_____个水平面、_____个正平面、_____个侧平面。

2.

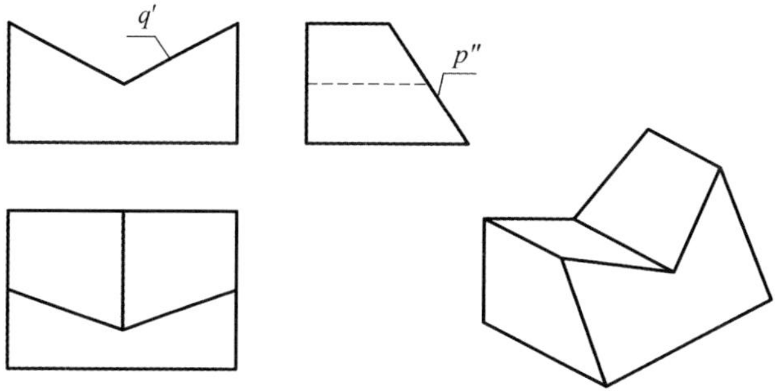

*P*面是_____面，它在*H*、*V*两面的投影为类似的_____边形；
*Q*面是_____面，它在*H*、*W*两面的投影为类似的_____边形；
该物体有_____个水平面、_____个正平面、_____个侧平面。

3.

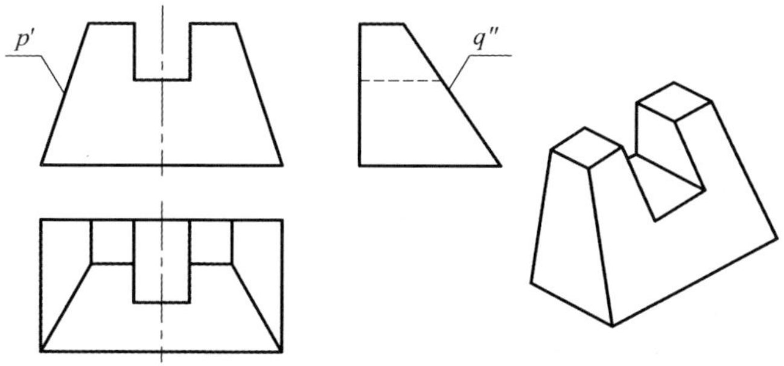

*P*面是_____面，它在*H*、*W*两面的投影为类似的_____边形；
*Q*面是_____面，它在_____面的投影积聚为直线；
该物体有_____个水平面、_____个正平面、_____个侧平面。

4.

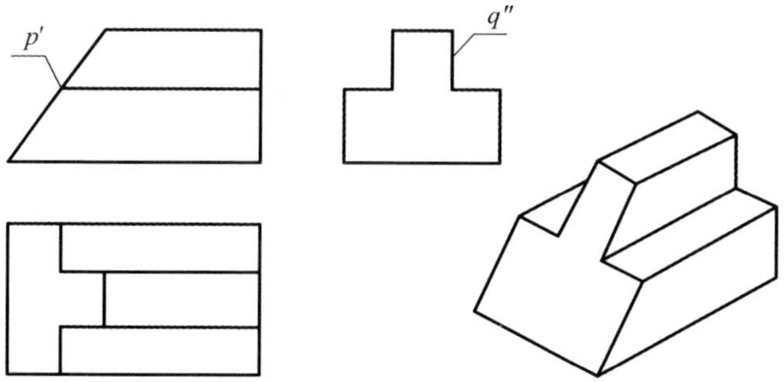

*P*面是_____面，它在*H*、*W*两面的投影为类似的_____边形；
*Q*面是_____面，它在_____面的投影反映实形；
该物体有_____个水平面、_____个正平面、_____个侧平面。

班级__________ 学号__________ 姓名__________

1-3-3 基本几何体的投影——根据两视图补画第三视图

1.

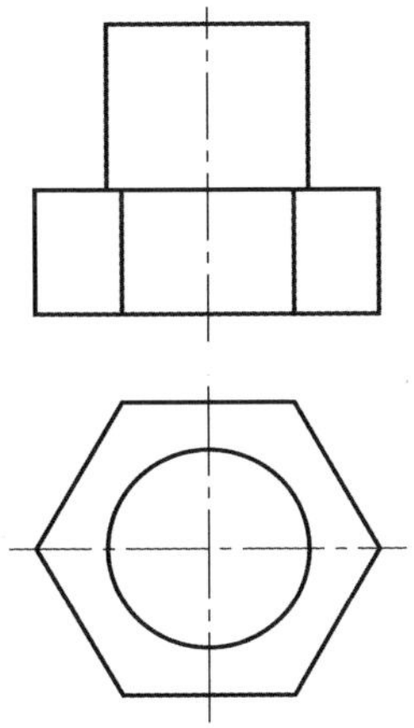

2.

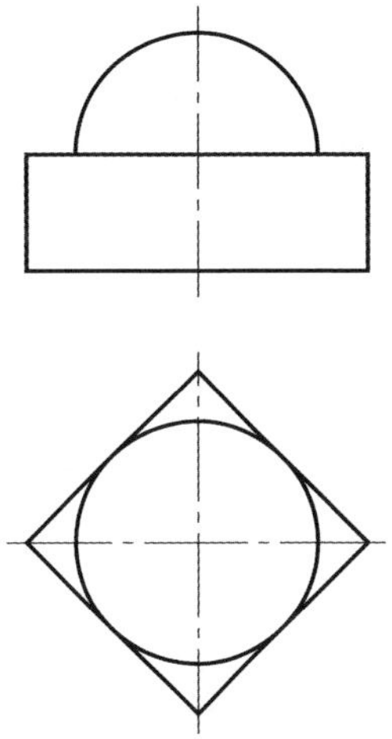

3.

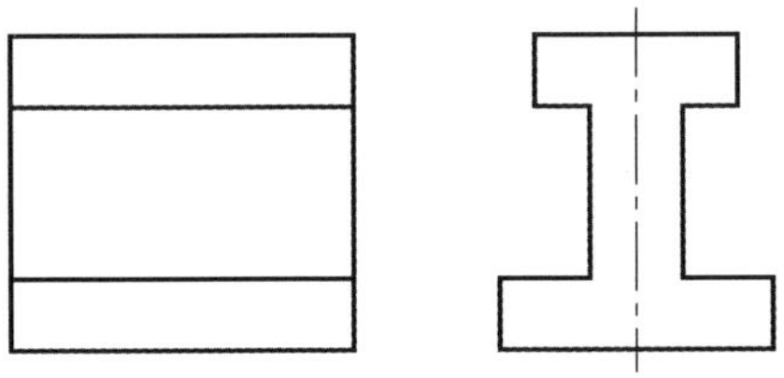

4.

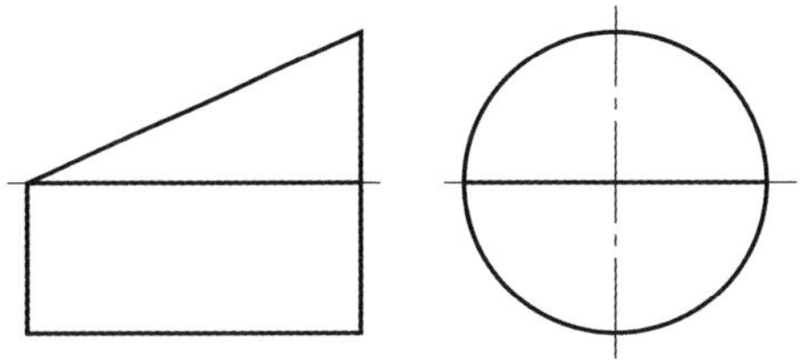

班级____________ 学号____________ 姓名____________

1-3-4　完成切割体的投影

1.

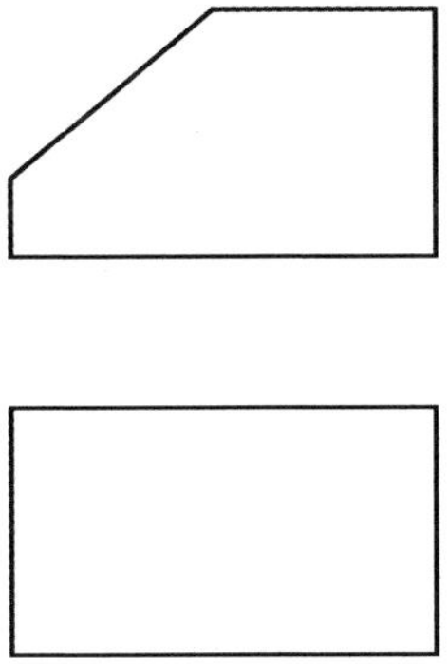

2.

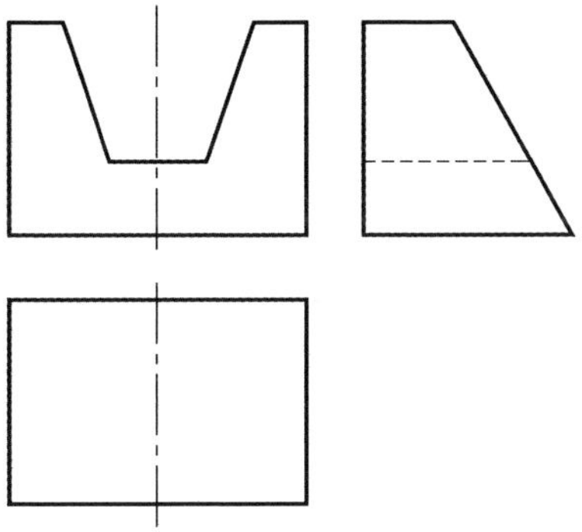

3.

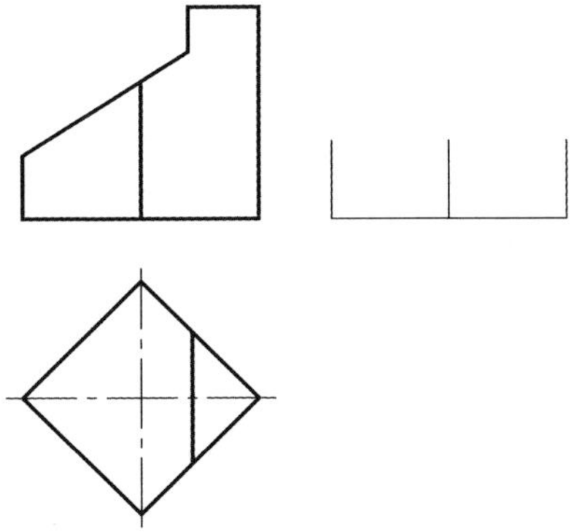

4.

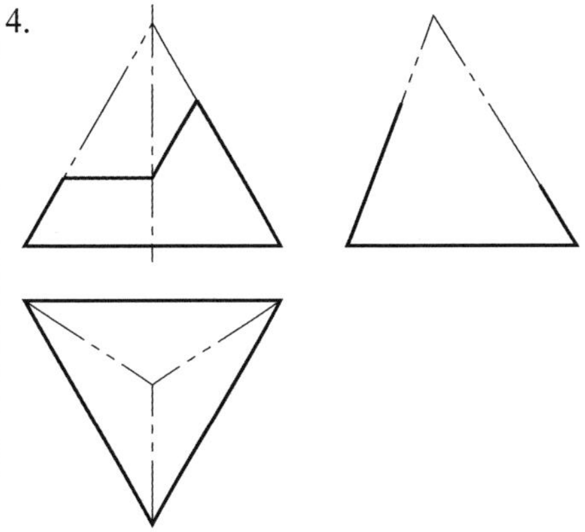

班级____________　学号____________　姓名____________

1-3-5　根据两视图，补画第三视图(1、2题)，补画缺线和第三视图(3、4题)

1.

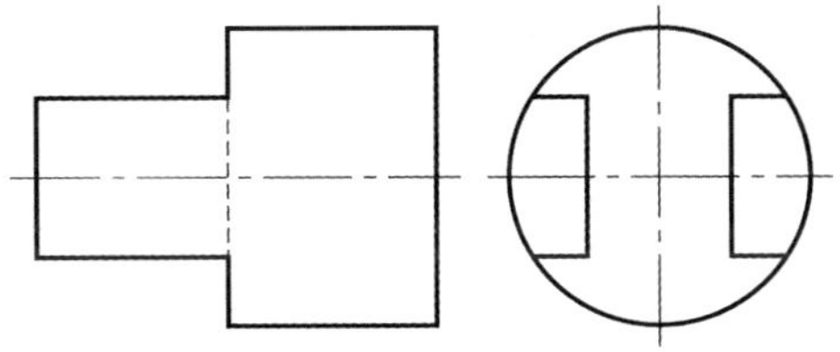

2.

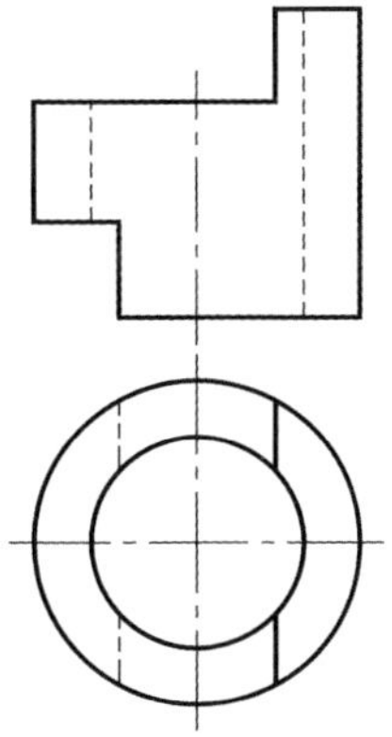

3.

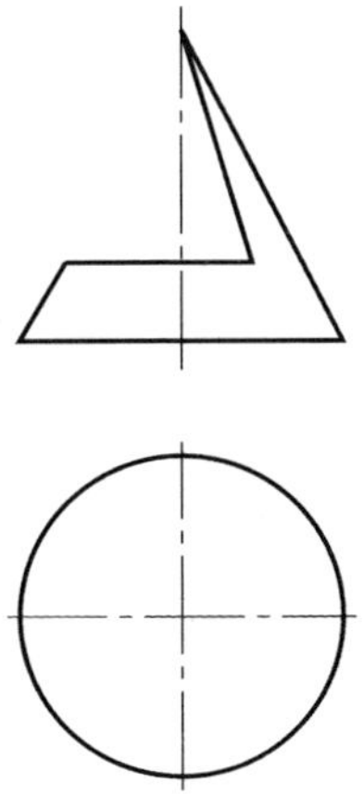

4.

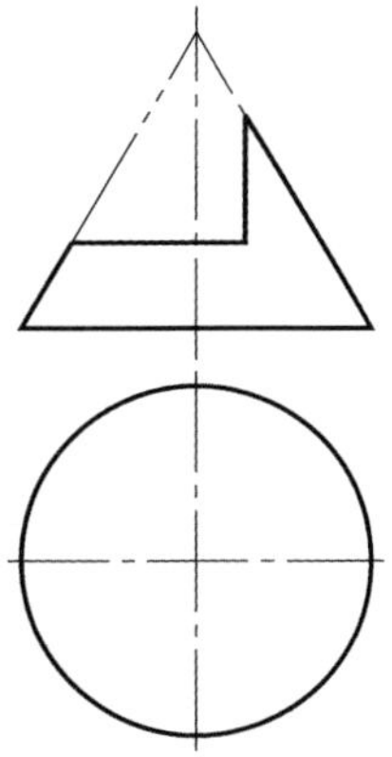

班级＿＿＿＿＿＿　学号＿＿＿＿＿＿　姓名＿＿＿＿＿＿

1-3-6 补视图（1、3题），补视图及缺线（2、4题）

1.

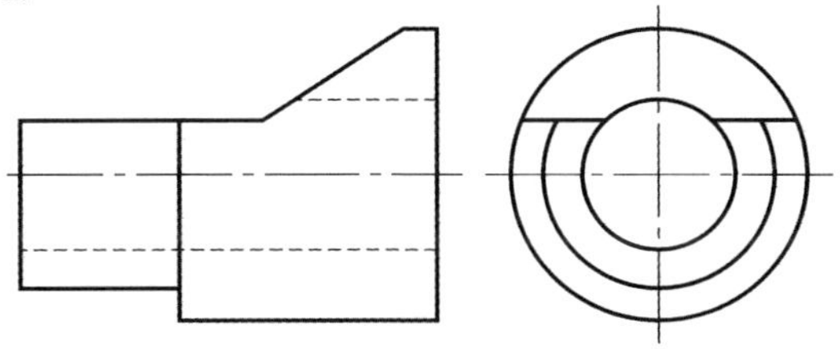

2.

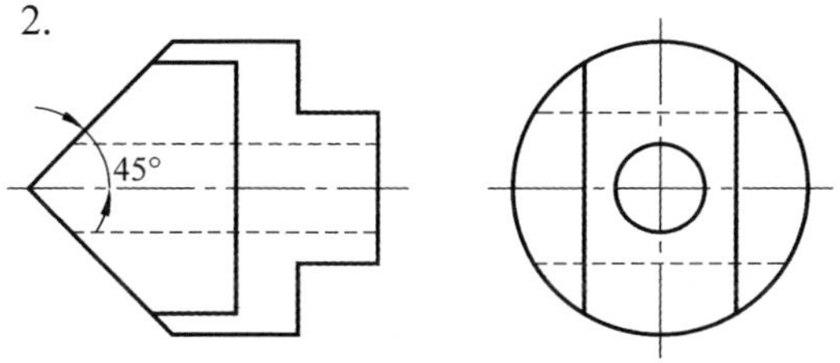

3.

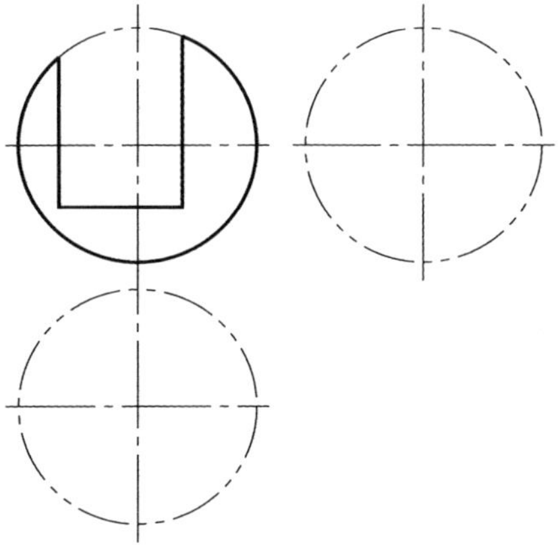

4.

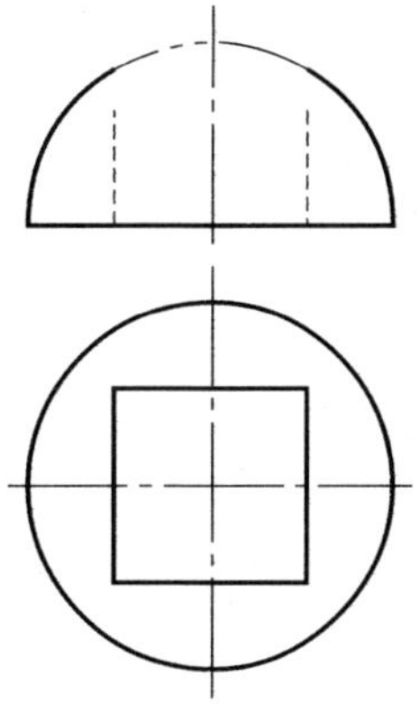

班级____________ 学号____________ 姓名____________

1-3-7 补全相贯线的投影（1、2、3题），补画第三投影（4题）

1.

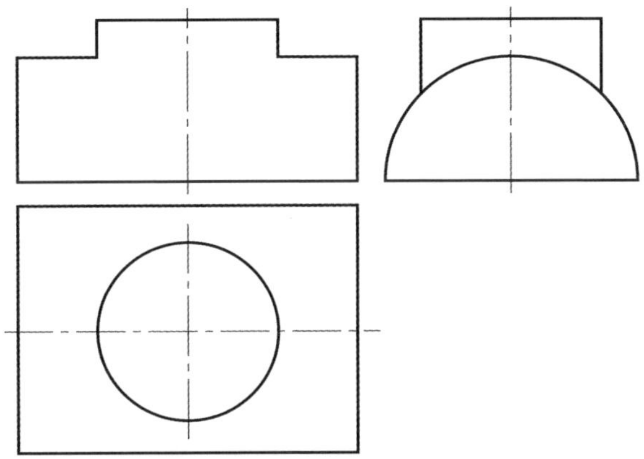

2.

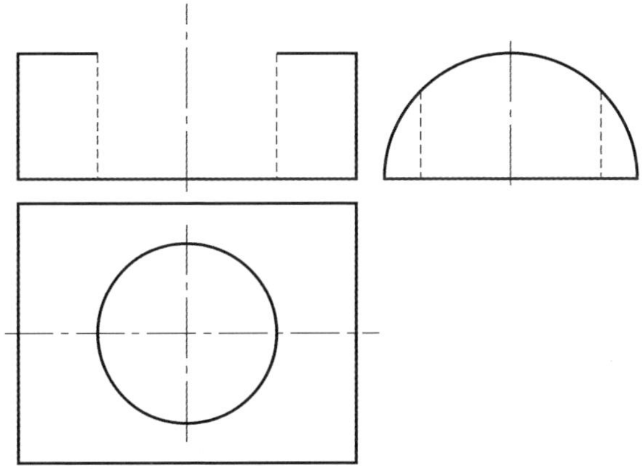

3.

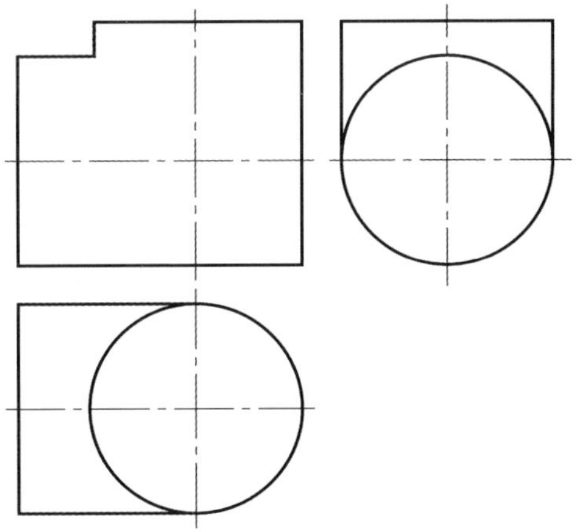

4.

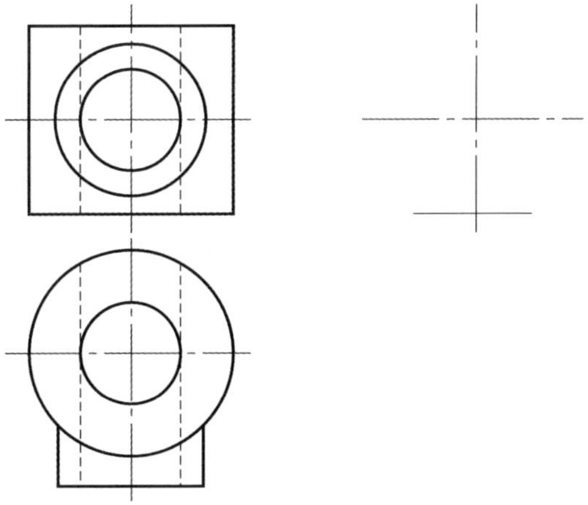

班级____________ 学号____________ 姓名____________

1-3-8 补缺线（1、2、4题），补视图（3题）

1.

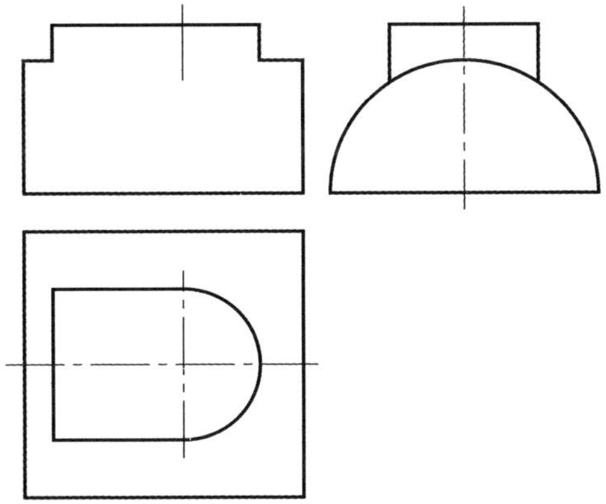

2.

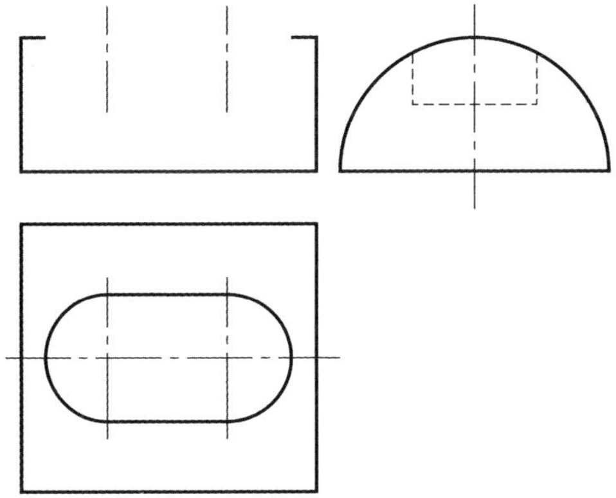

3.

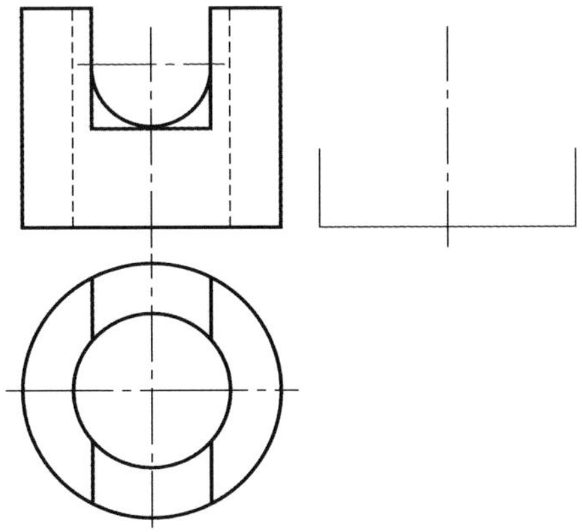

4.

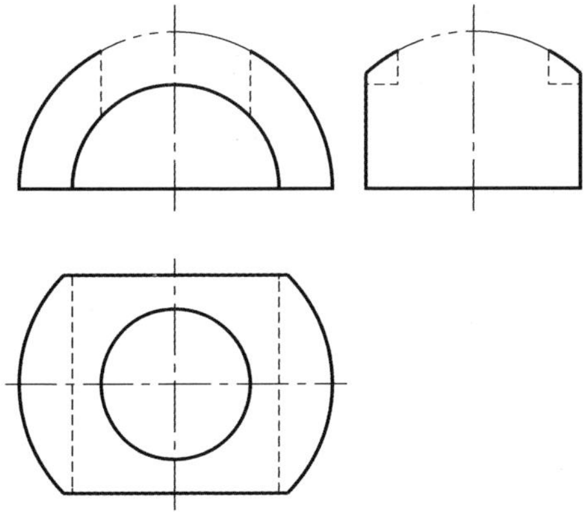

班级＿＿＿＿＿＿ 学号＿＿＿＿＿＿ 姓名＿＿＿＿＿＿

1-3-9 已知主、俯视图，选择正确的左视图，在括号内打“√”

1.

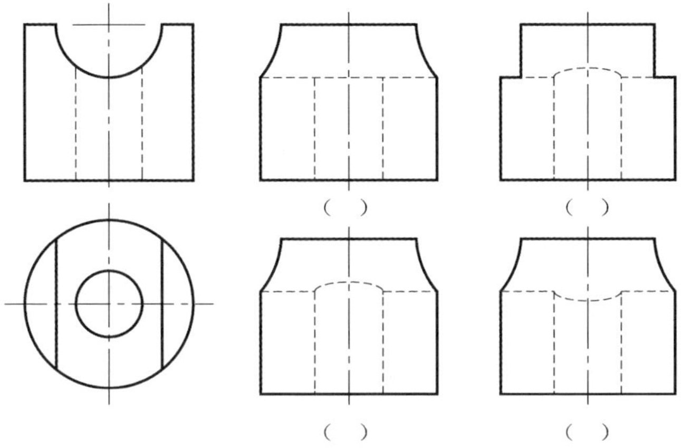

2.

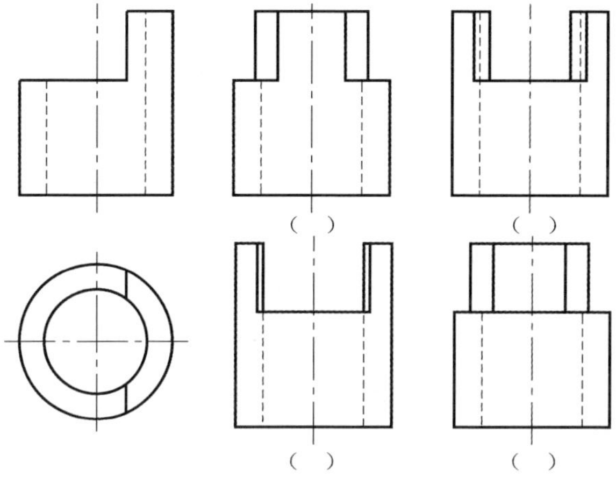

3.

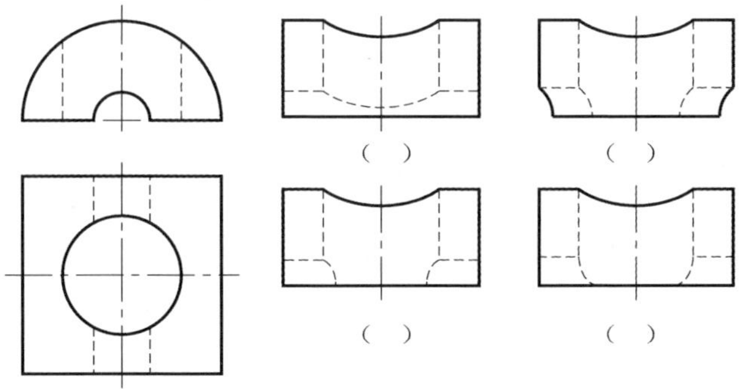

4.

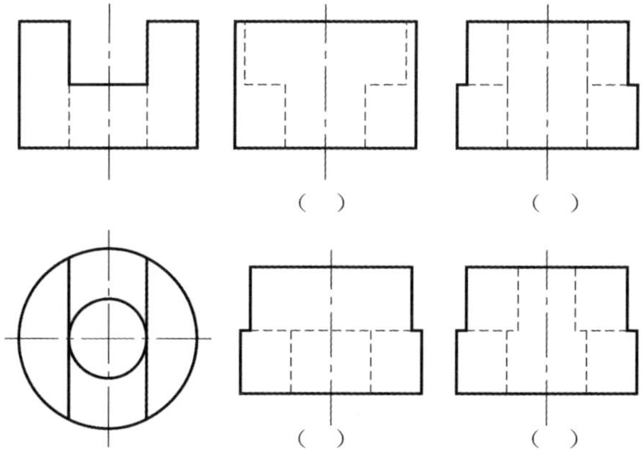

班级____________ 学号____________ 姓名____________

5.

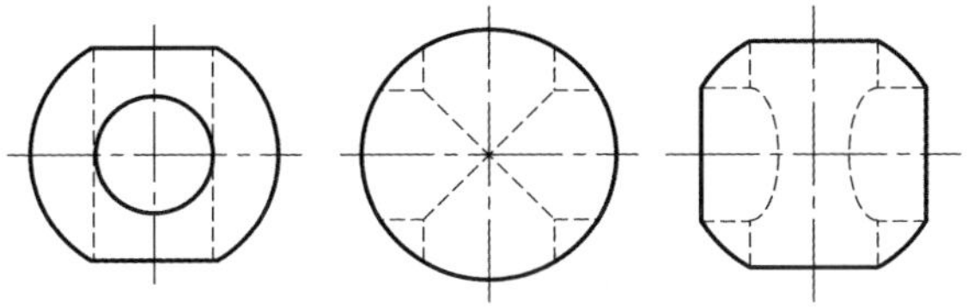

（　　）　（　　）

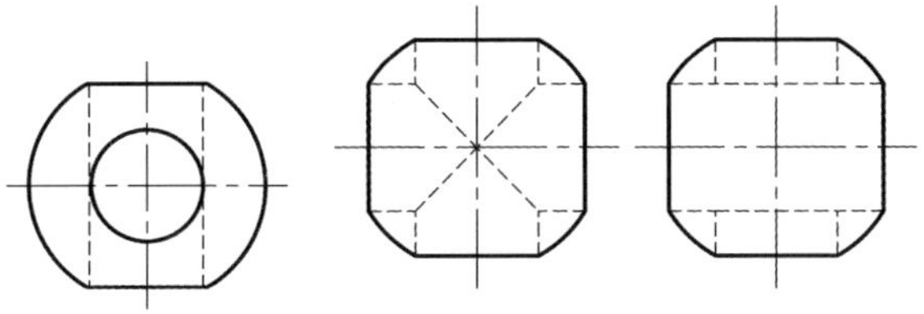

（　　）　（　　）

6.

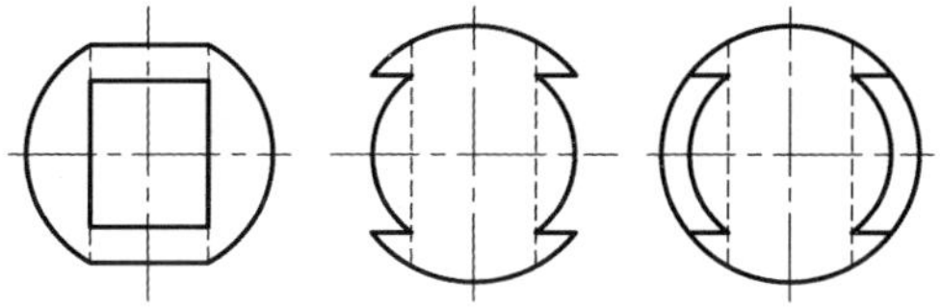

（　　）　（　　）

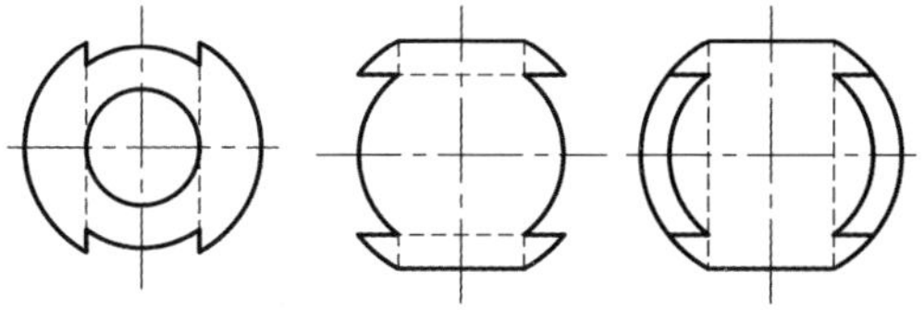

（　　）　（　　）

7.

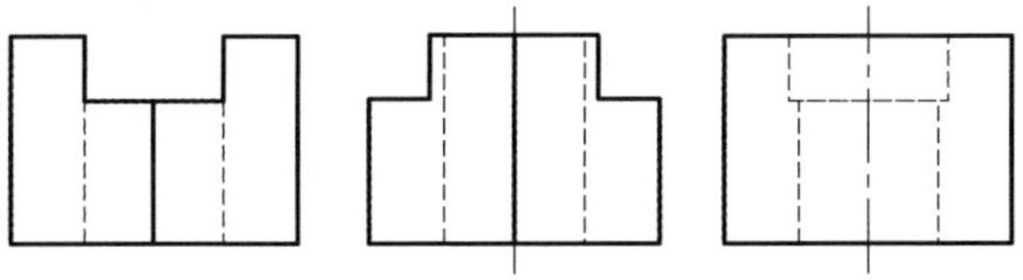

（　　）　（　　）

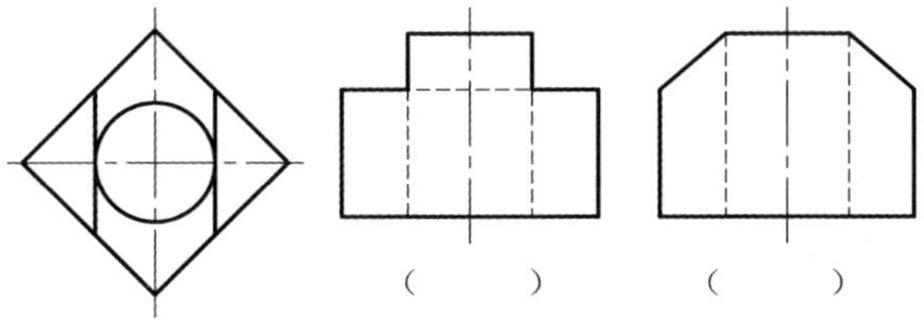

（　　）　（　　）

8.

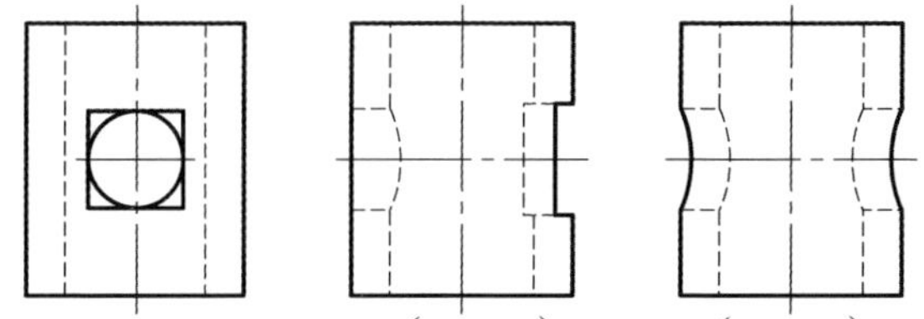

（　　）　（　　）

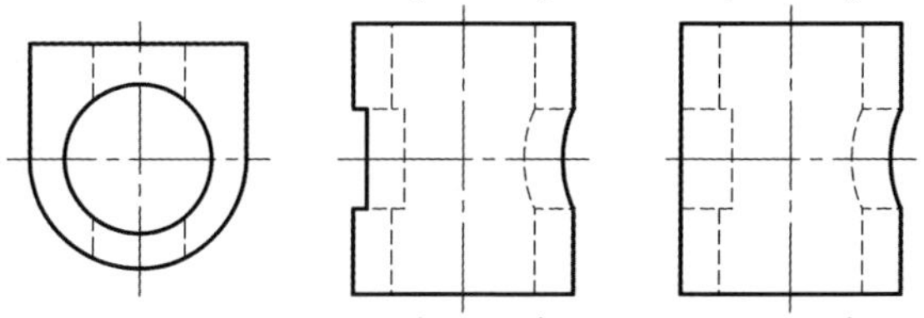

（　　）　（　　）

班级__________　学号__________　姓名__________

1-3-10 补画两视图中的缺线

1.

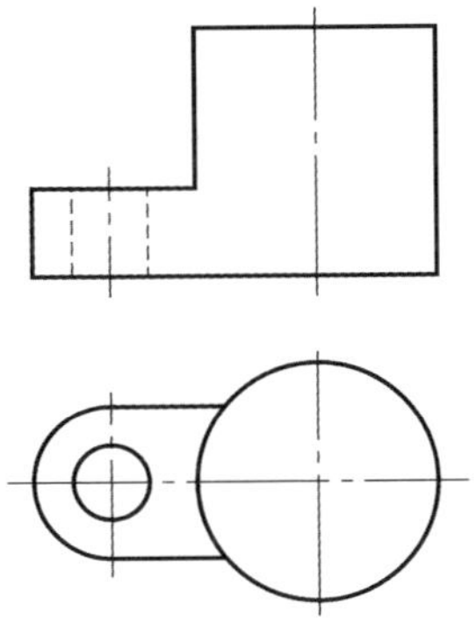

(a)

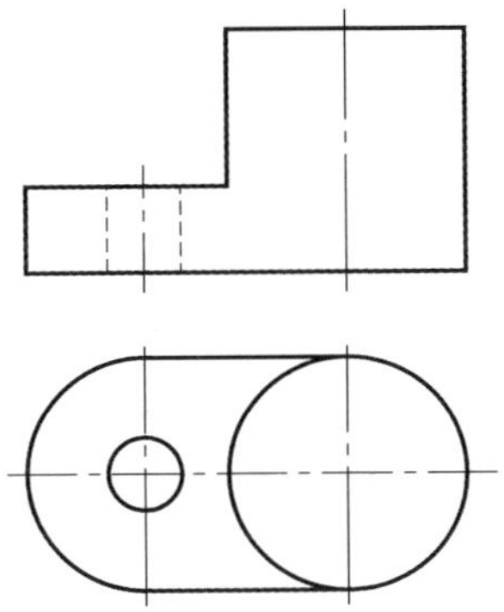

(b)

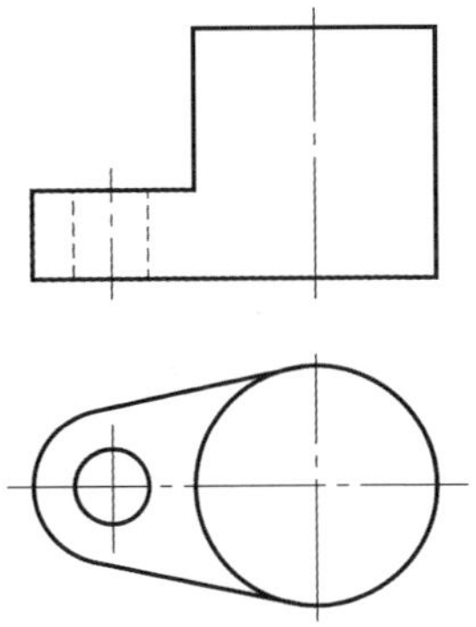

(c)

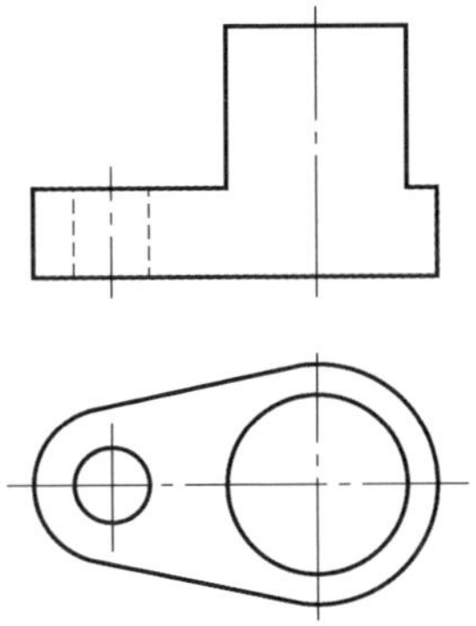

(d)

2.

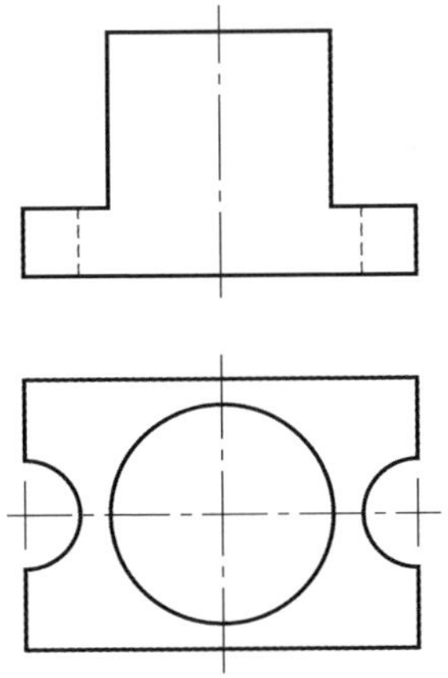

(a)

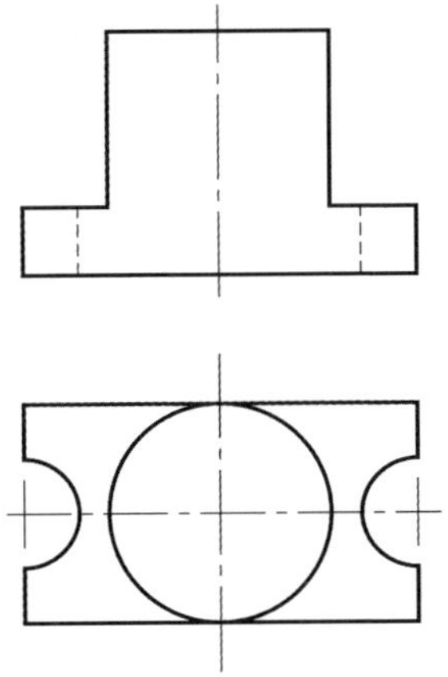

(b)

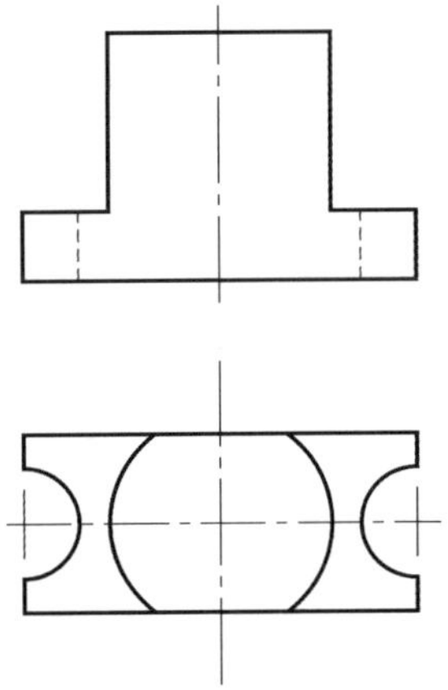

(c)

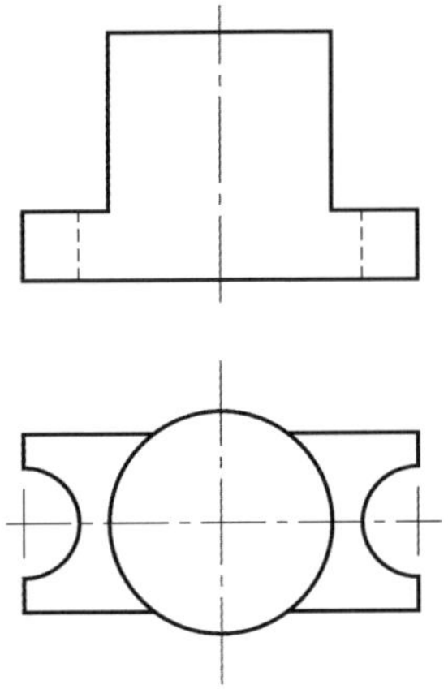

(d)

班级__________ 学号__________ 姓名__________

1-3-11 根据两视图补画第三视图

1.

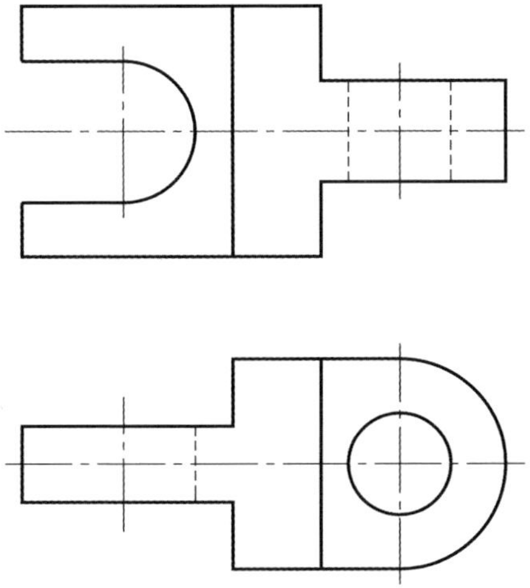

2.

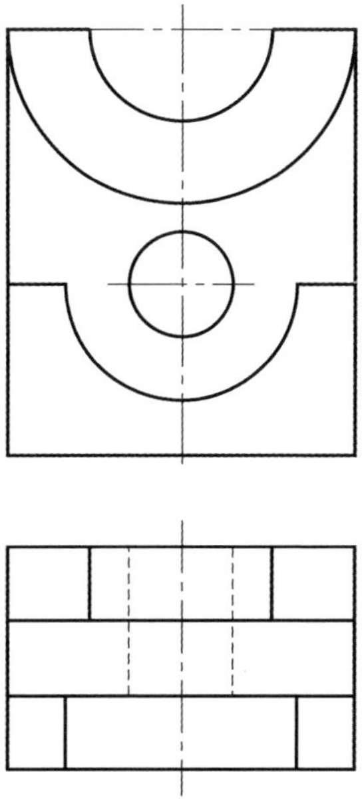

班级______ 学号______ 姓名______

1-3-12 AutoCAD三视图综合练习

一、目的

进一步理解物与图之间的对应关系；学会运用形体分析法用AutoCAD软件绘制简单零件的三视图。

二、要求

调用A4样板，以2∶1的比例绘制右侧简单零件的三视图。

三、步骤及注意事项

(1) 对零件进行形体分析，选择主视图，按轴测图所注尺寸，布置三个视图的位置，在中心线层上画出各视图的对称中心线及作图基准线。

注意，三个视图之间要预留标注尺寸的空间。图中的孔为通孔，槽为通槽。

(2) 在相应的图层上逐步画出组合体各部分的三视图。若图层不够，可以添加。画图时要注意表面相切或相贯的画法。

(3) 仔细检查无误后填写标题栏。

(4) 存盘。

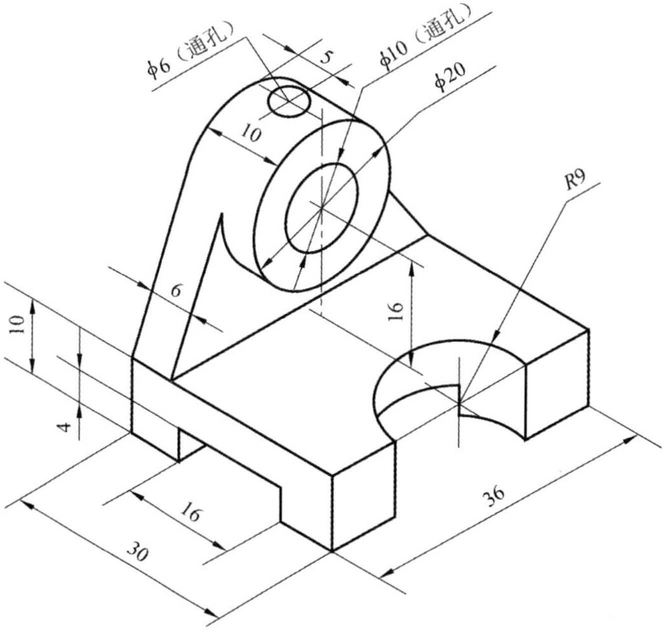

班级＿＿＿＿＿ 学号＿＿＿＿＿ 姓名＿＿＿＿＿

1-3-13 读形体的三视图并填空

1. [例]

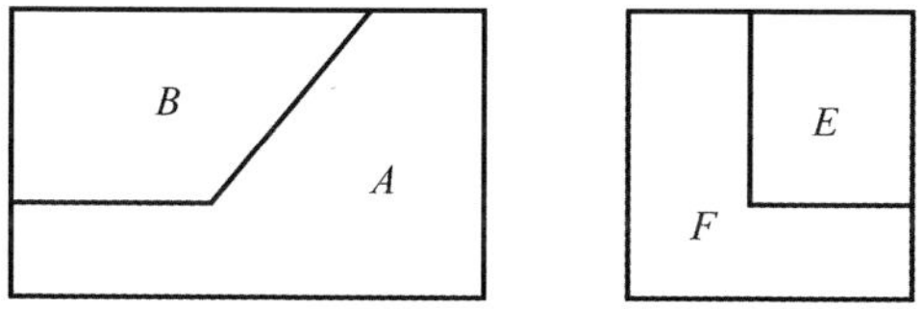

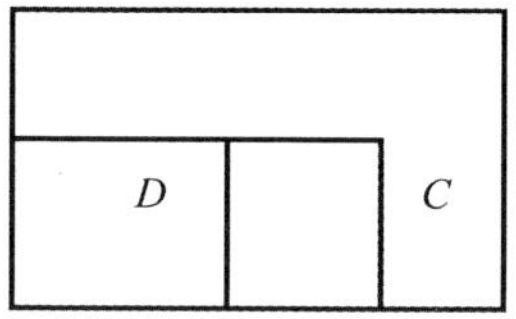

线框E表示正垂面；

面A在面B之前（前、后）；

面C在面D之上（上、下）；

面E在面F之右（左、右）。

2.

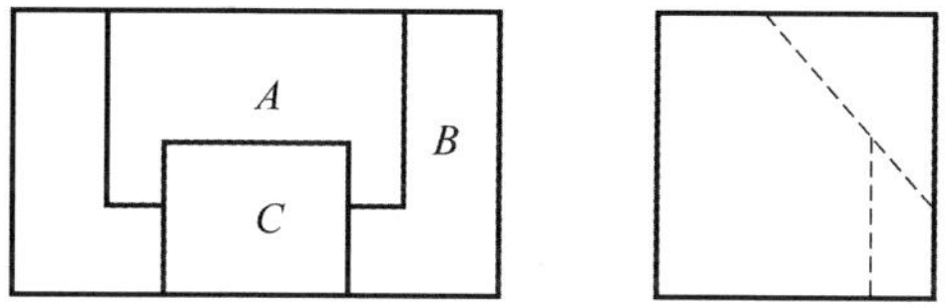

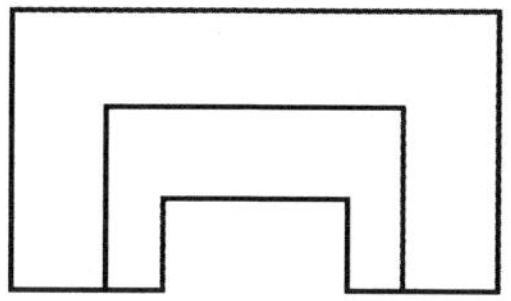

线框A表示______面；

线框C表示______面；

面B在面C之______（前、后）；

将面A在主、俯、左视图中的投影涂红色（若为积聚性投影，则将其描红）。

3.

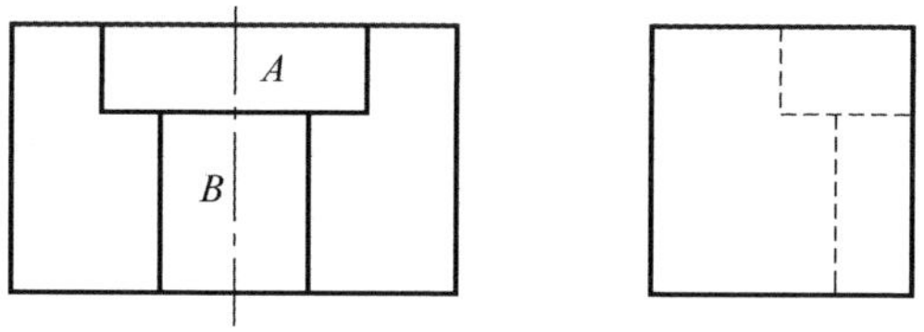

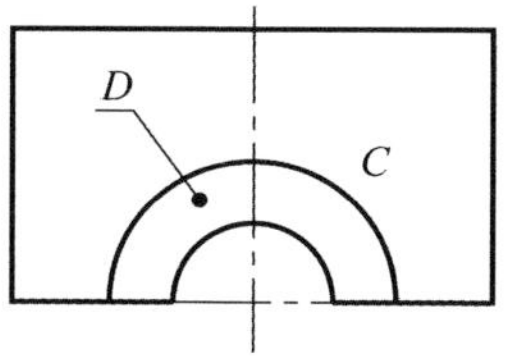

线框A表示______面；

线框D表示______面；

面A在面B之______（前、后）；

面C在面D之______（上、下）。

4.

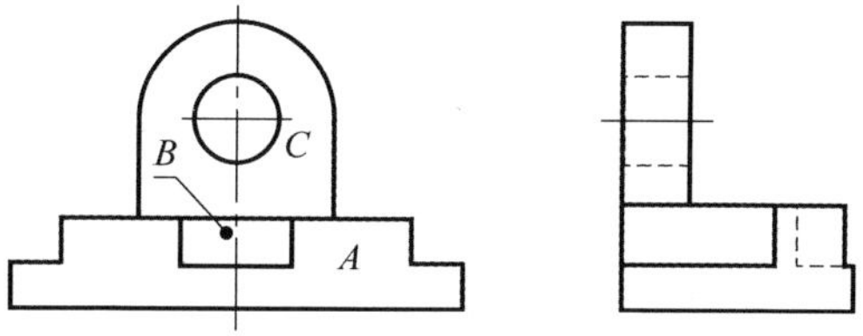

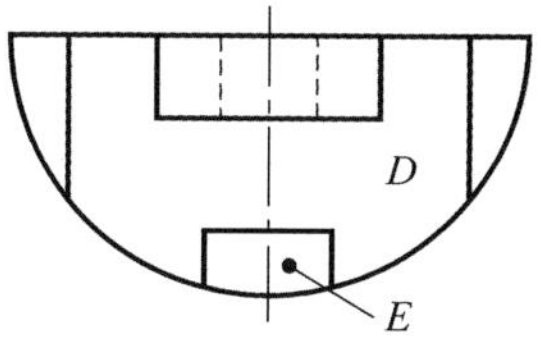

线框A表示______面；

线框B表示______面；

面C在面B之______（前、后）；

面D在面E之______（上、下）；

将面A在主、俯、左视图中的投影涂红色（若为积聚性投影，则将其描红）。

班级______　学号______　姓名______

5.

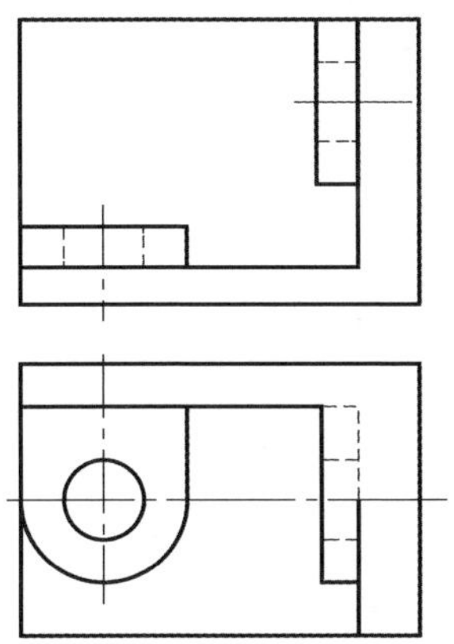

该形体由一个________切掉一个__________再叠加______块______形状的薄板而成。薄板上有________。

6.

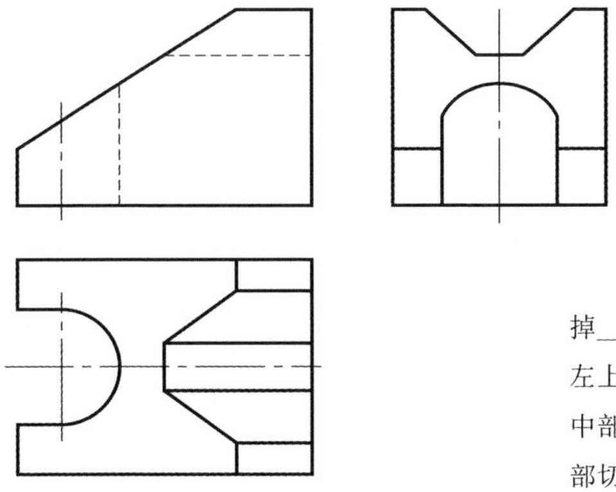

该形体由一个________切掉________部分而形成。其中，左上角切掉一块________，左下中部切掉一块________，右上中部切掉一块________。

7.

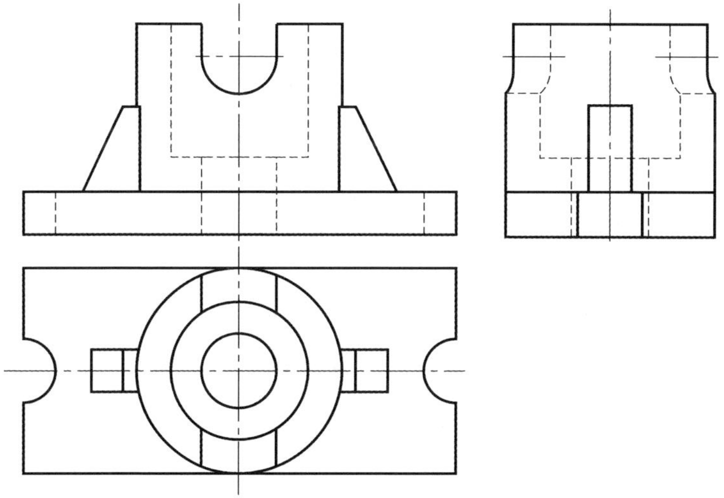

该零件由______部分组成。

(1) 底板的形状为______，其左右两侧各有一______。

(2) 零件上方中部有一______，其内部有一______，其上面前后各有一个______。

(3) 为提高零件各部分之间的连接强度，在底板和圆柱之间设有两块______，它们是______形状的板。

班级__________ 学号__________ 姓名__________

1-3-14　已知主视图和俯视图，选择正确的左视图，在括号内打“√”

1.

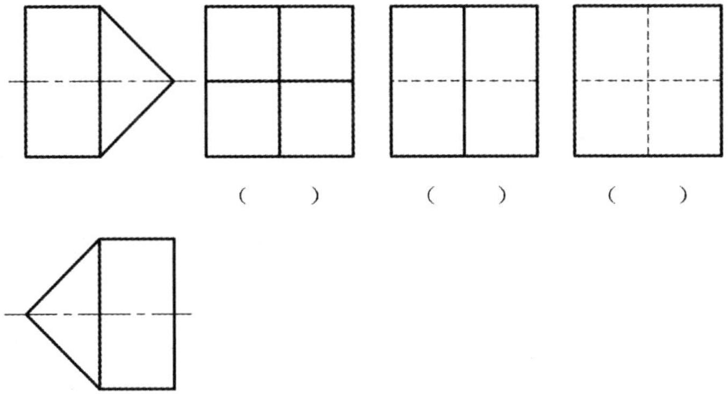

(　　)　(　　)　(　　)

2.

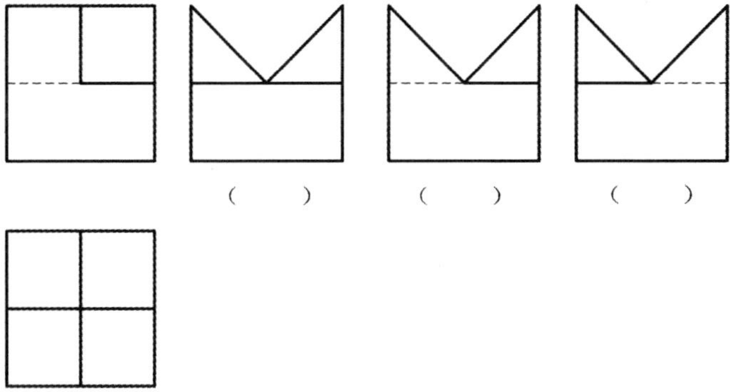

(　　)　(　　)　(　　)

3.

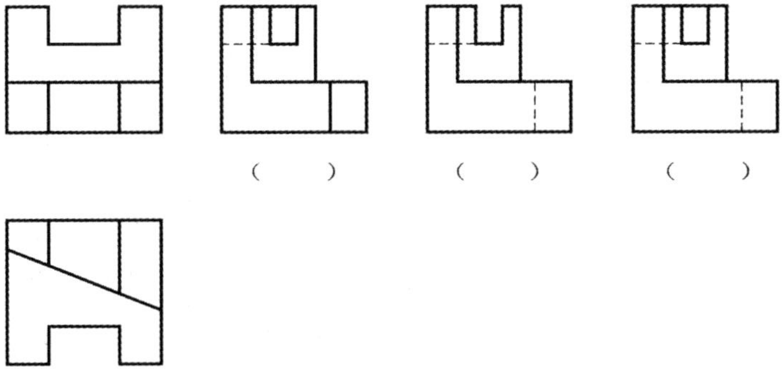

(　　)　(　　)　(　　)

4.

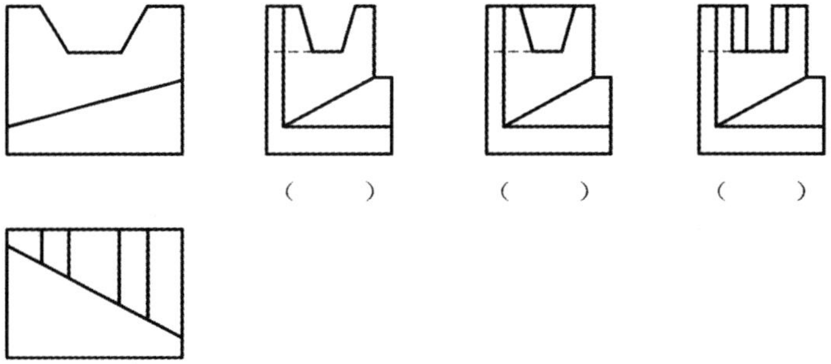

(　　)　(　　)　(　　)

班级__________　学号__________　姓名__________

5.

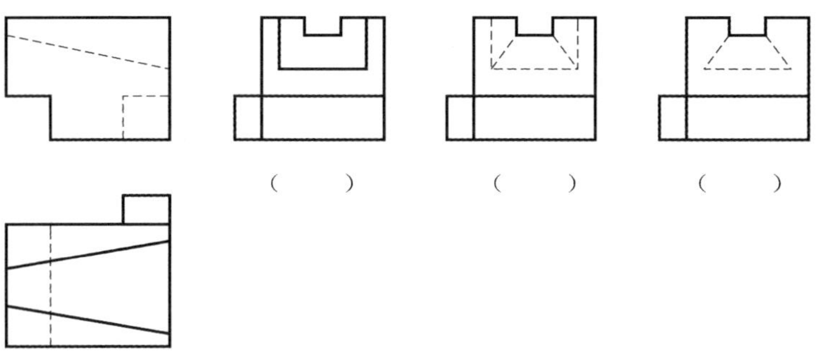

6.

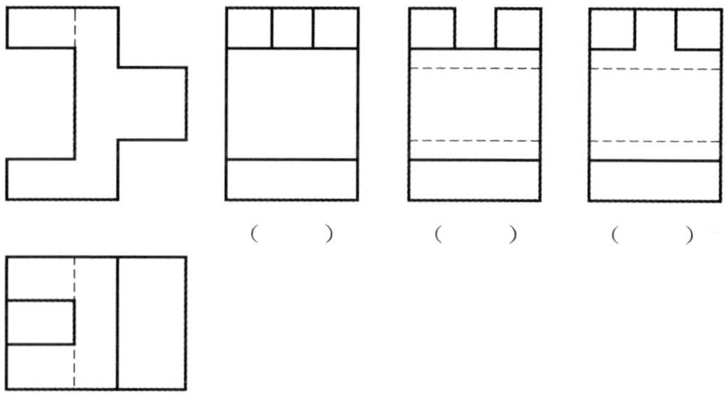

7.

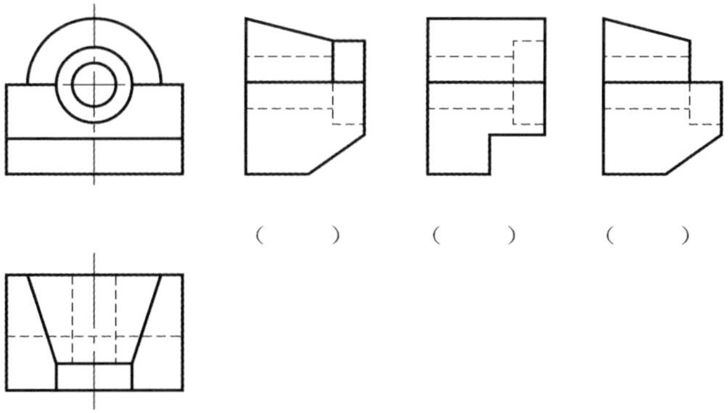

8.

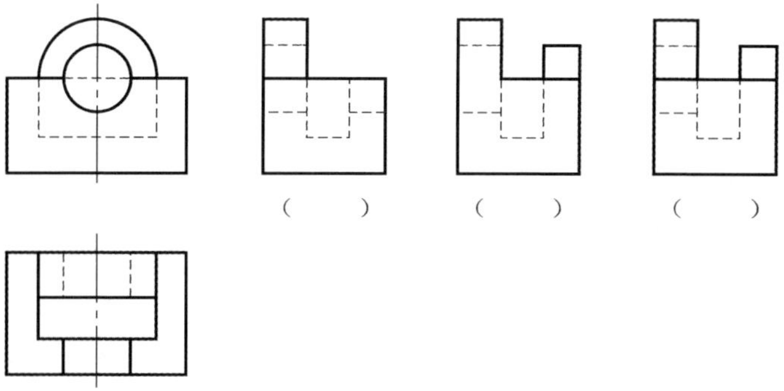

班级__________ 学号__________ 姓名__________

1-3-15 补缺线、补视图、画轴测图（选作）

1. 补画三视图中所缺的图线并用尺规绘制正等轴测图

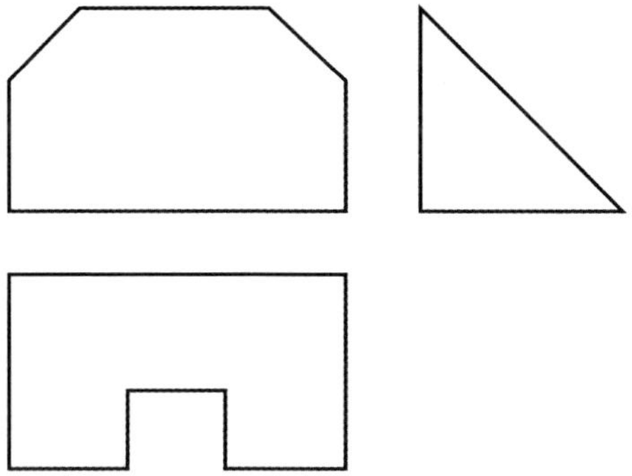

2. 补画三视图中所缺的图线并徒手绘制正等轴测图

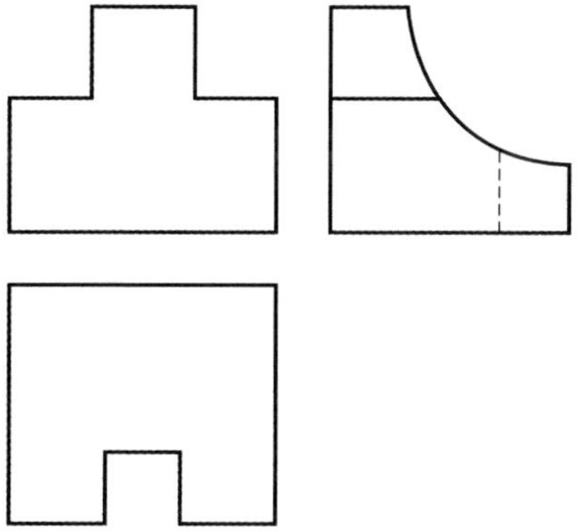

3. 补画左视图并用尺规绘制斜二测轴测图

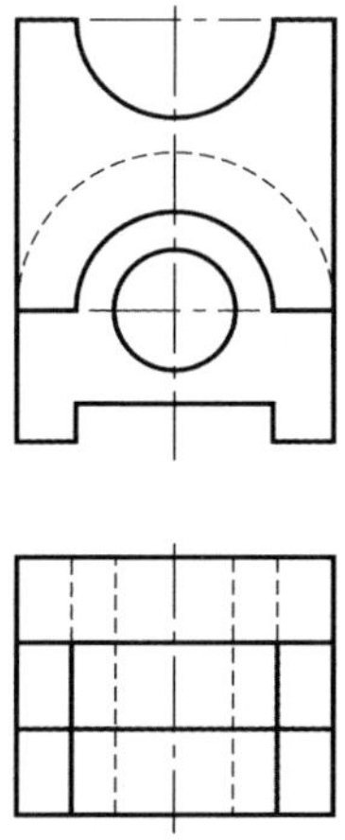

4. 补画左视图并徒手绘制斜二测轴测图

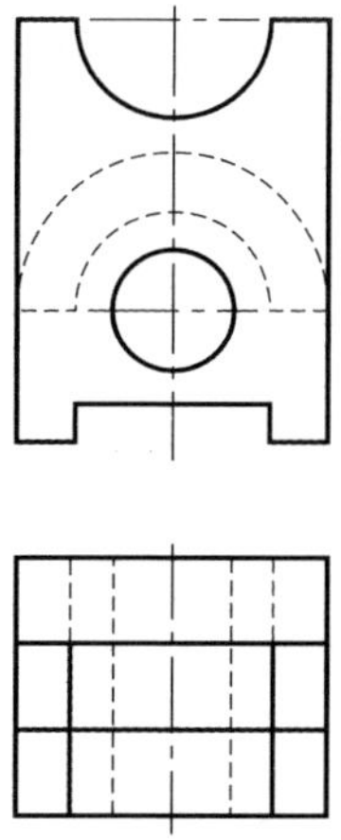

班级____________ 学号____________ 姓名____________

1-3-16 根据两视图补画第三视图

1.

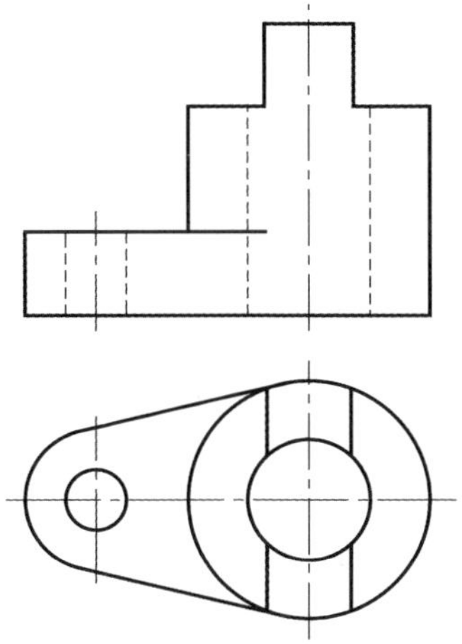

2.

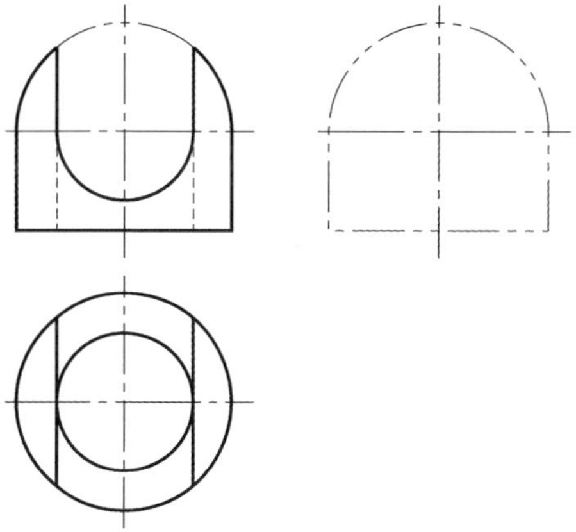

3.

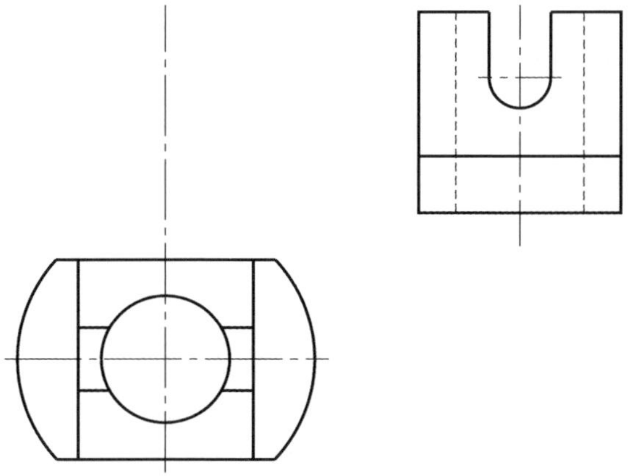

4. 选作

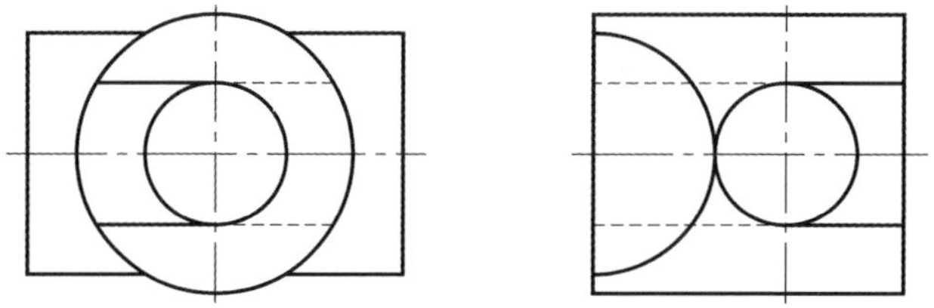

班级__________ 学号__________ 姓名__________

5.

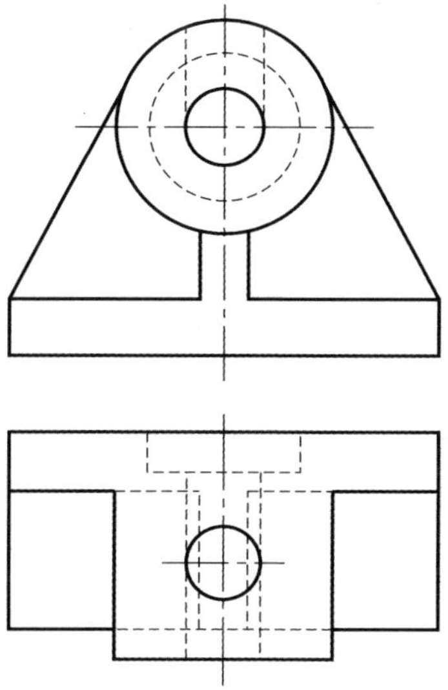

6. 选作

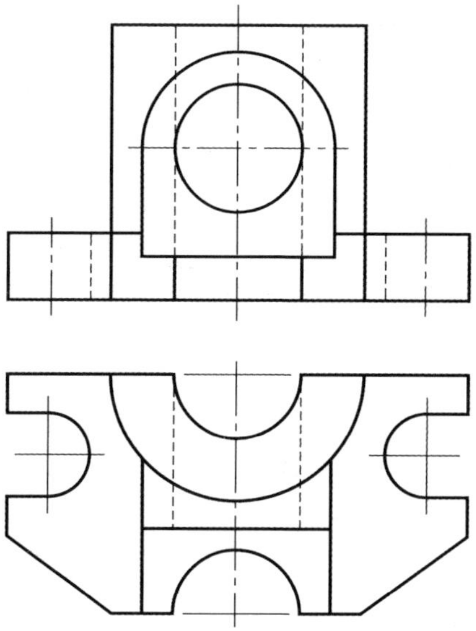

班级____________ 学号____________ 姓名____________

1-3-17 根据轴测图利用AutoCAD绘制零件的三视图并标注尺寸（A3幅面，比例1：1）（选作）

1. 支座

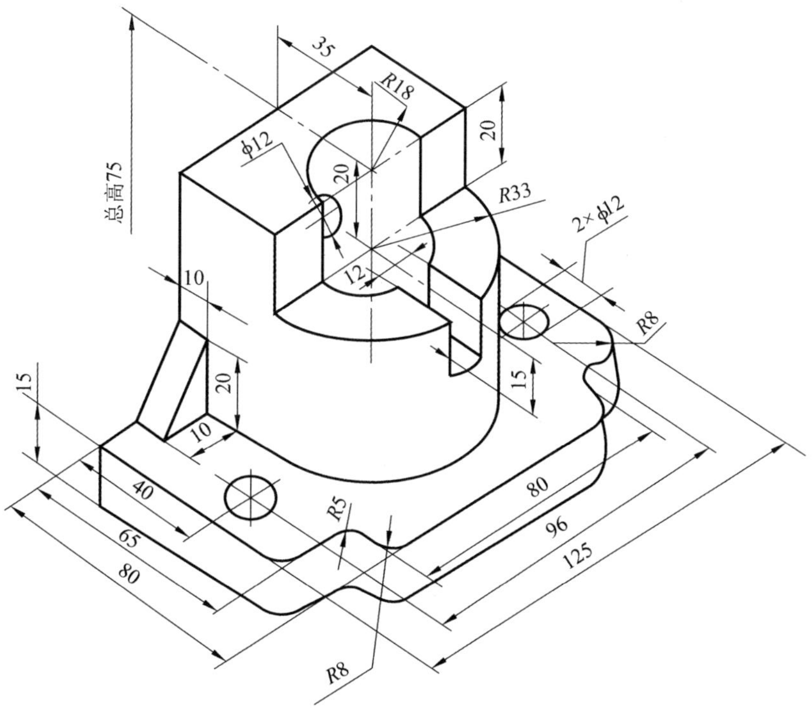

2. 轴承盖

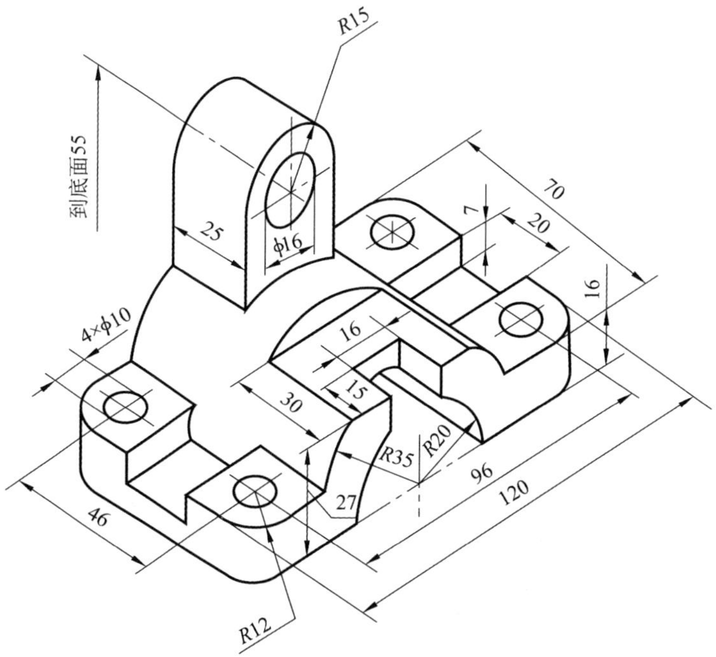

班级__________ 学号__________ 姓名__________

模块 4　机械零件的表达

1-4-1　基本视图和向视图

1. 已知主、俯、左视图，补画右、后、仰视图

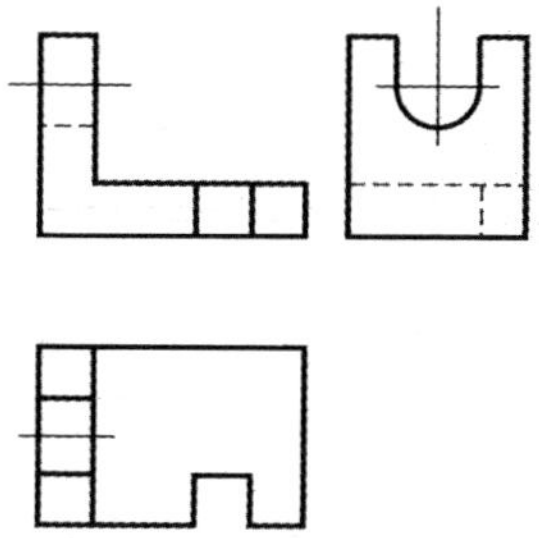

2. 看懂三视图,画出右视图和A向、B向视图

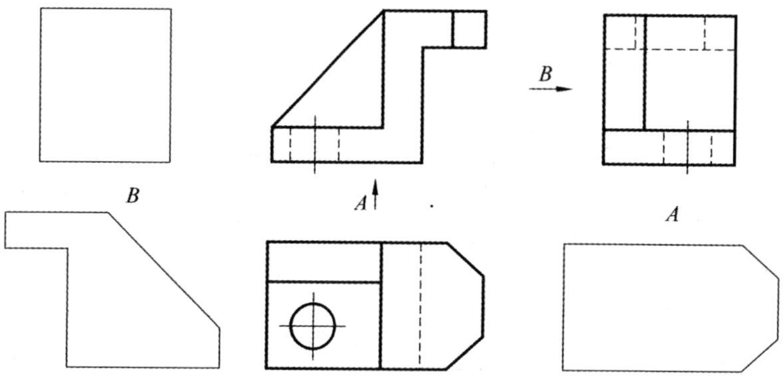

　班级__________　学号__________　姓名__________

1-4-2 第三角画法——已知两视图，补画第三视图

1.

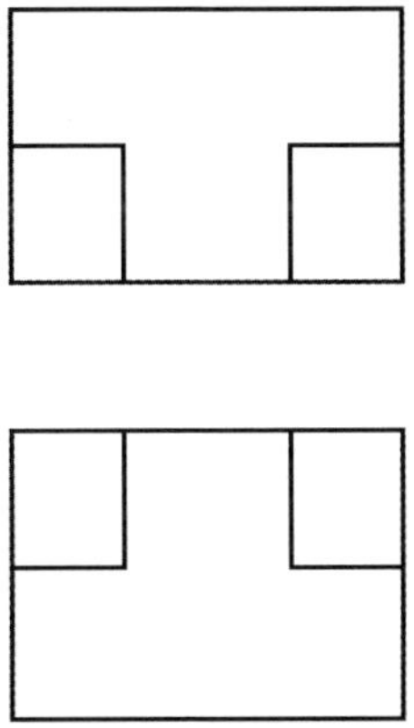

2.

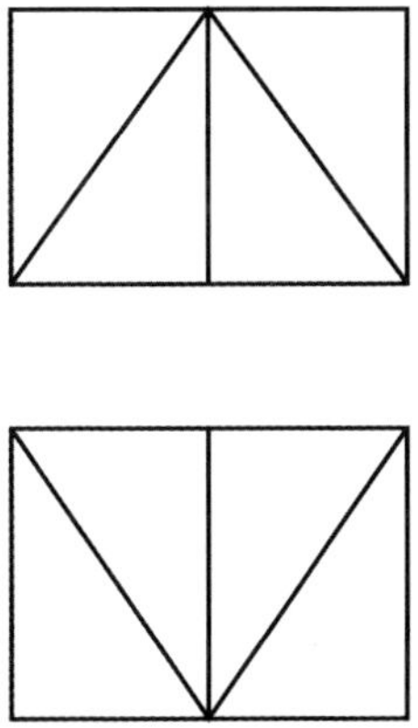

3.

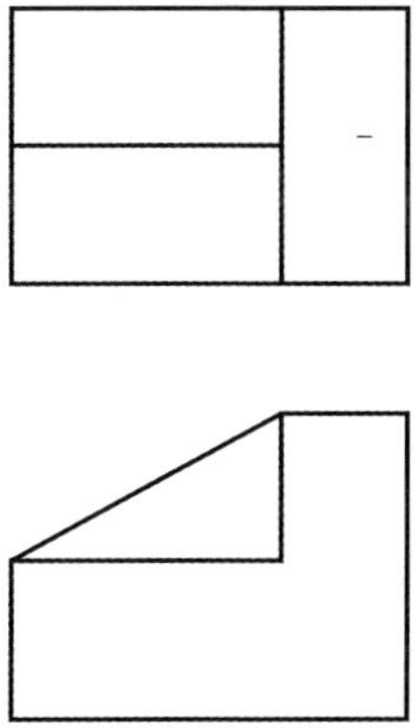

4.

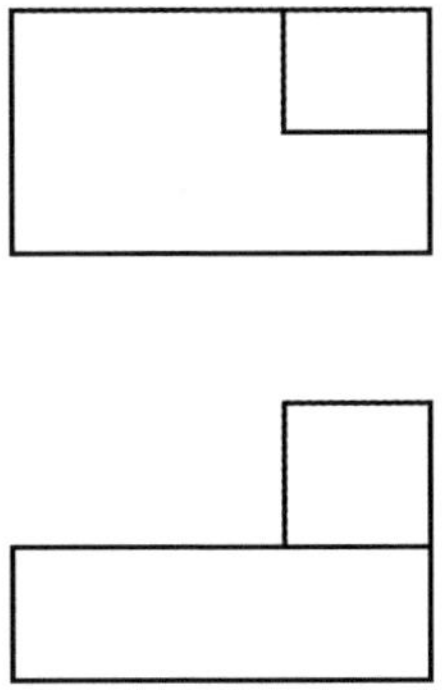

5.

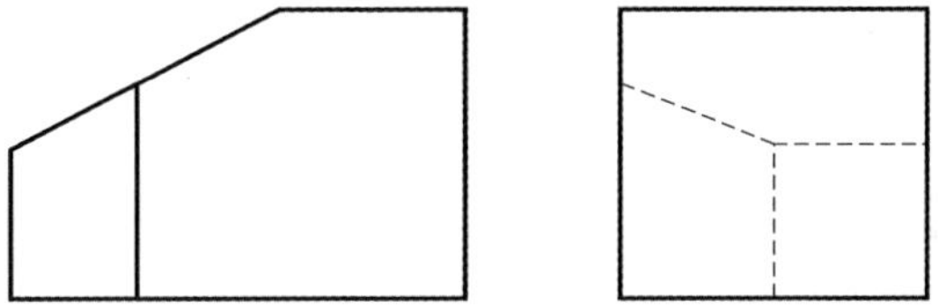

6.

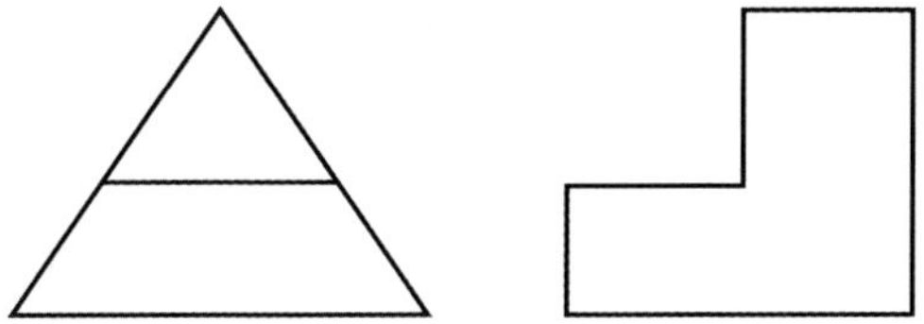

班级____________ 学号____________ 姓名____________

1. 判断*A*视图和*B*视图正确与否，并指出错误图例的错误原因

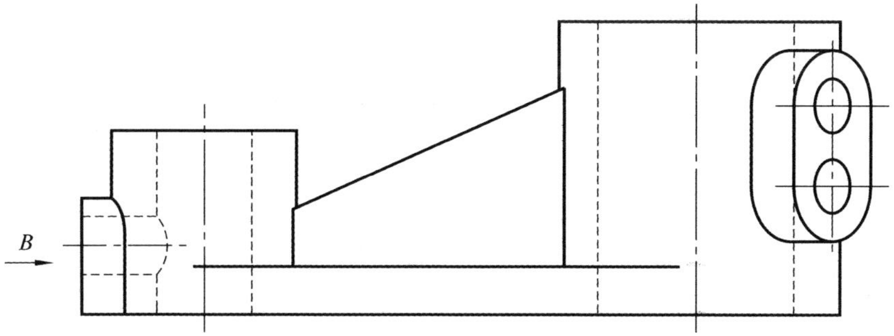

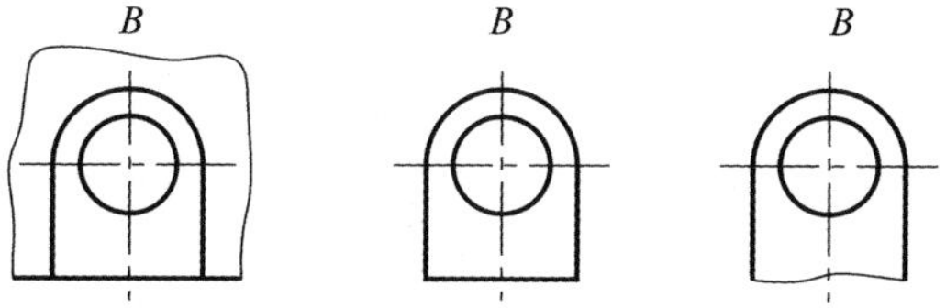

（正确、错误）　　（正确、错误）　　（正确、错误）

*B*向称为____视图

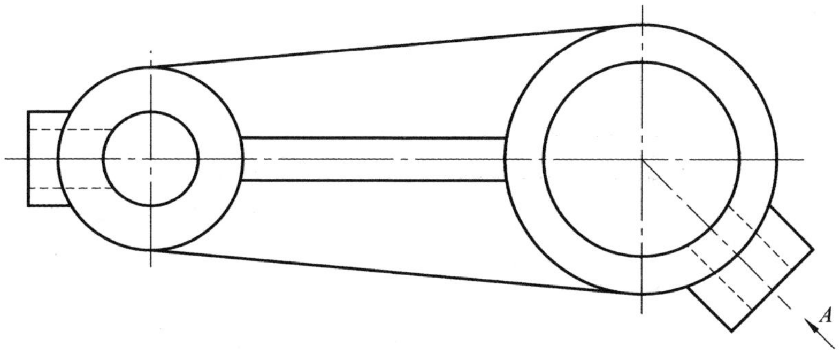

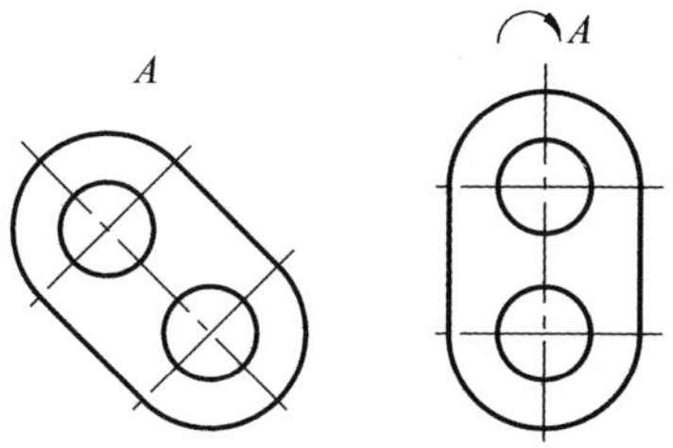

（正确、错误）　　（正确、错误）

*A*向称为____视图

班级__________ 学号__________ 姓名__________

2. 参照轴测图，作斜视图和局部视图，并进行标注

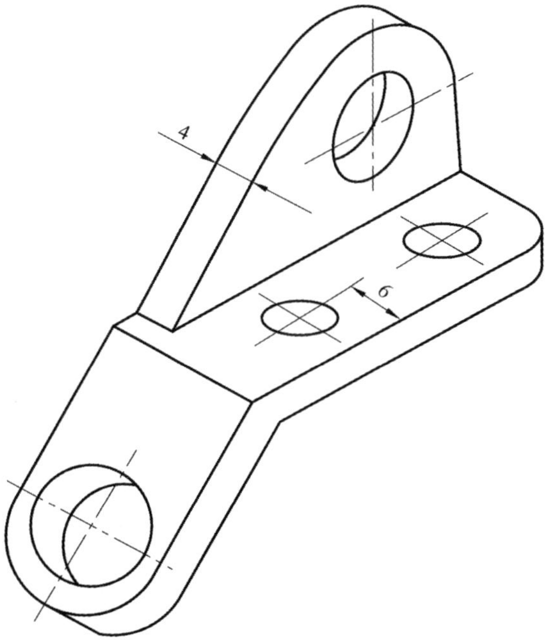

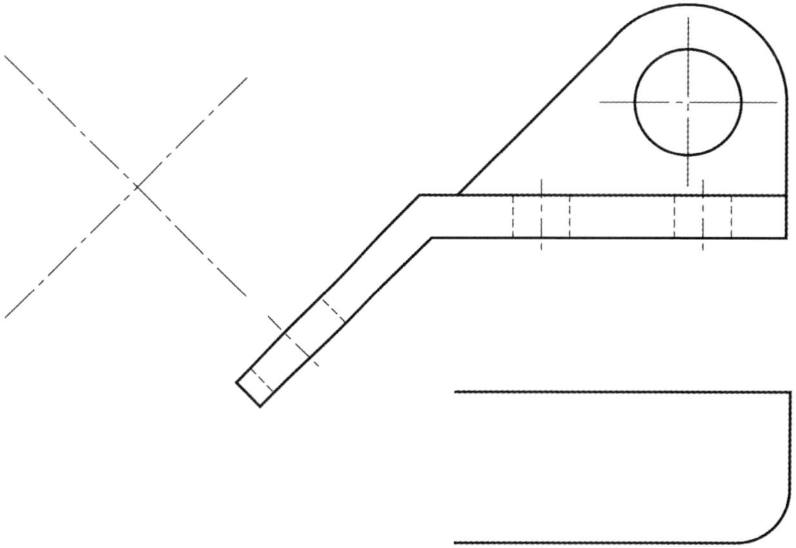

班级____________ 学号____________ 姓名____________

1-4-4　剖视图概念

1. 改错，补画漏线或将多余的线打“×”

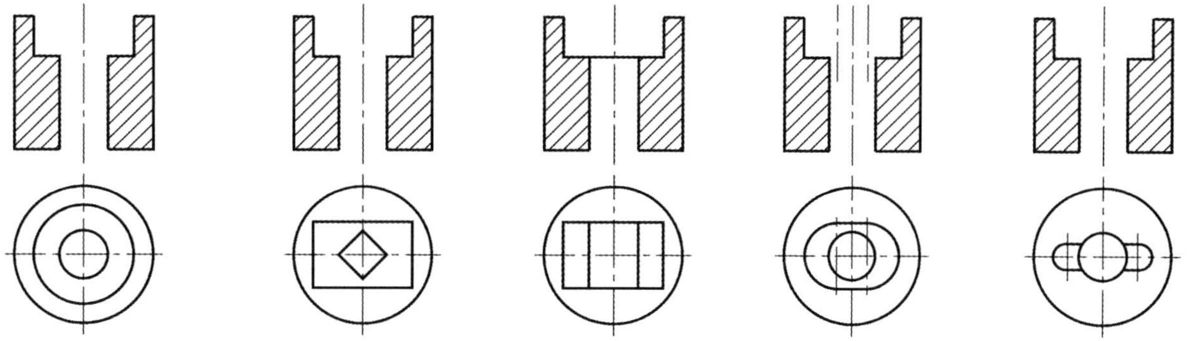

2. 选择正确的答案并在括号内打“ √ ”

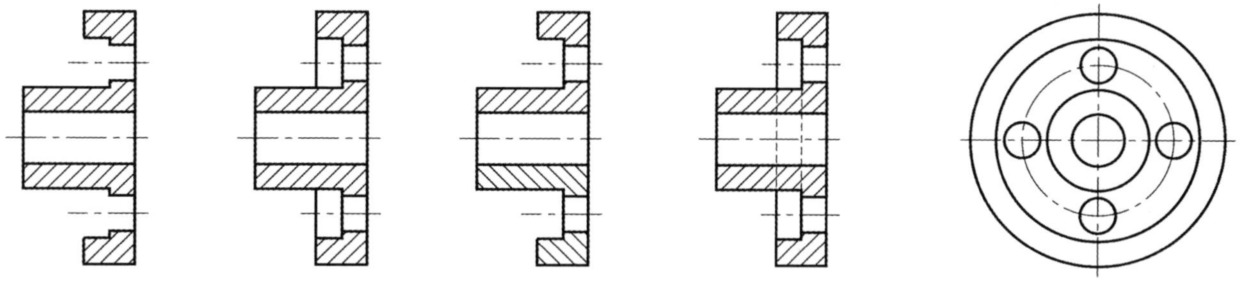

（　）　　（　）　　（　）　　（　）

3. 补全剖视图中的漏线

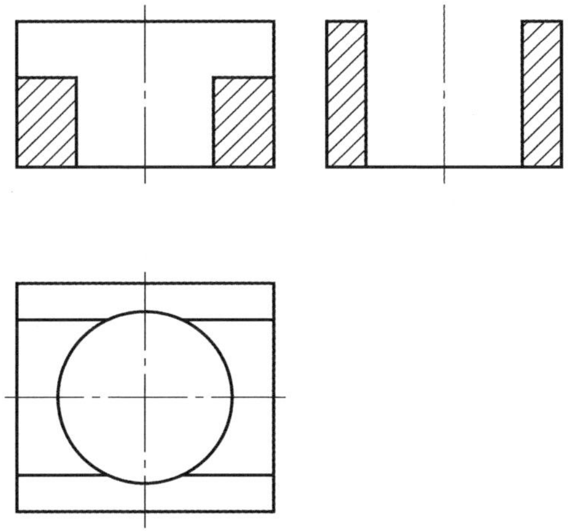

4. 补全剖视图中的漏线

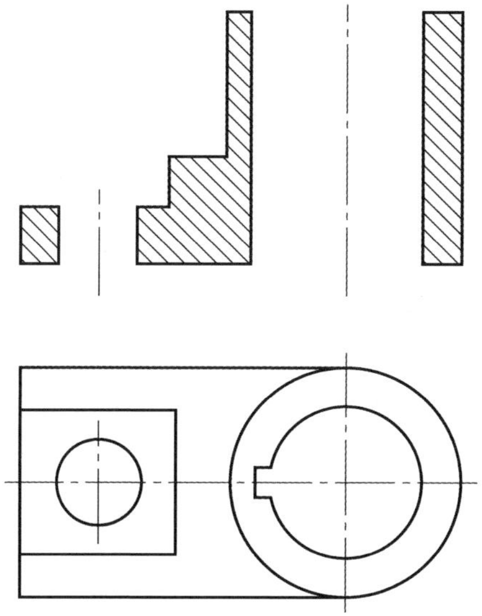

班级____________ 学号____________ 姓名____________

1-4-5 在指定位置将主视图改画成全剖视图

1.

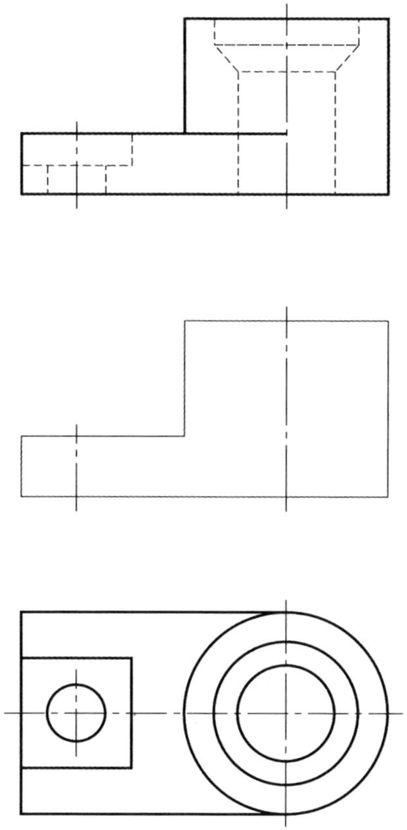

2.

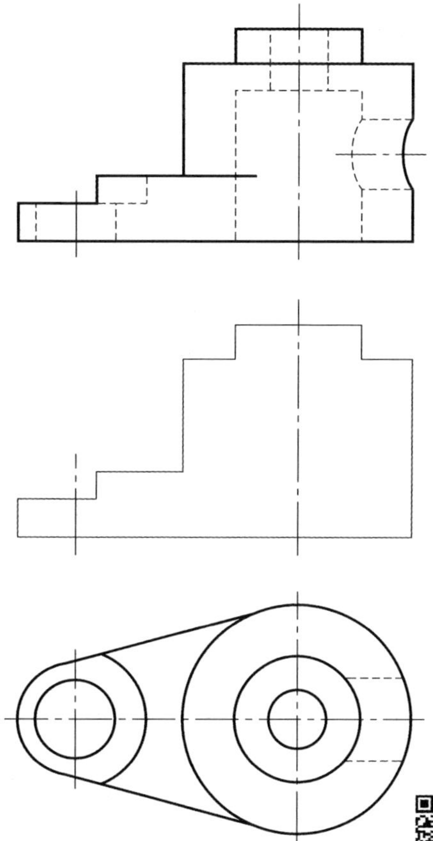

3.

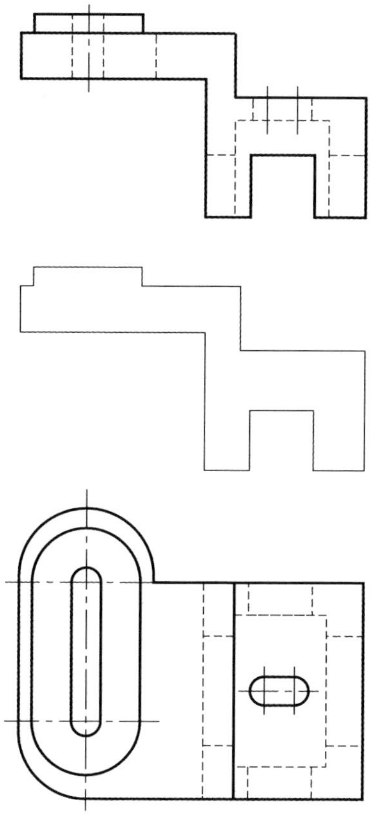

班级__________ 学号__________ 姓名__________

1-4-6 补全半剖视图中的漏线

1.

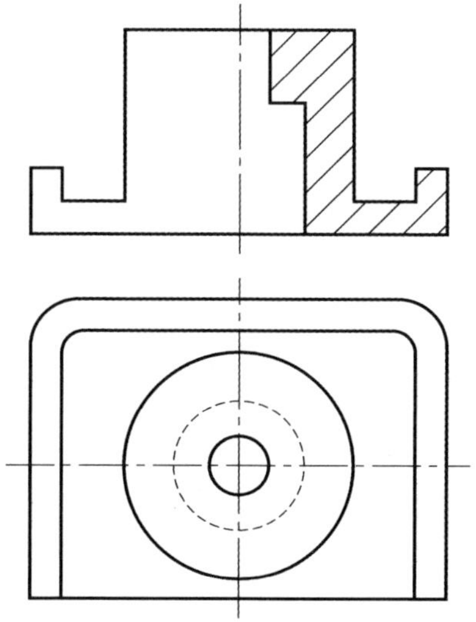

2.

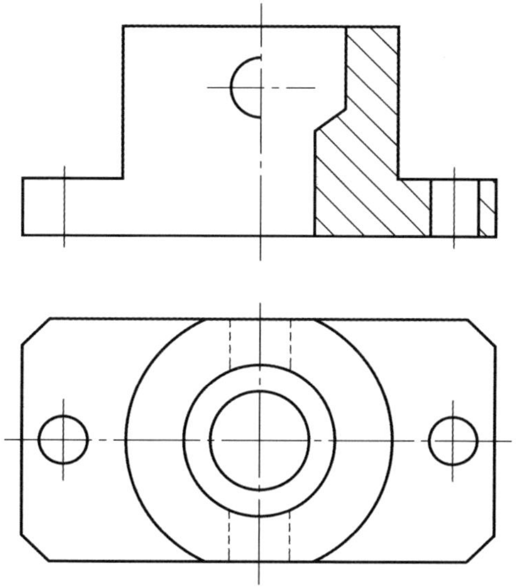

3.

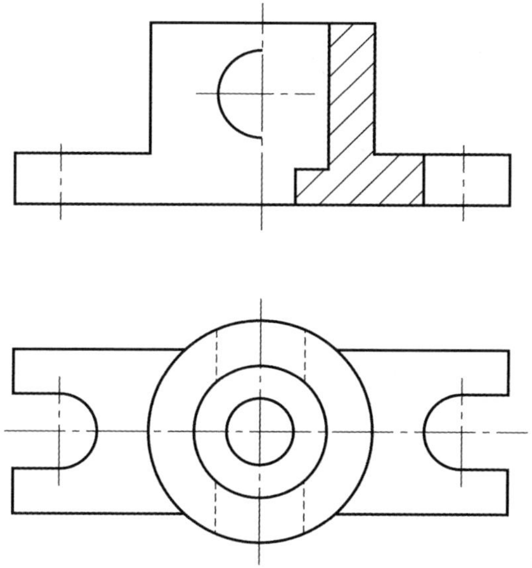

班级____________ 学号____________ 姓名____________

1-4-7　在指定位置将主视图改画成半剖视图

1.

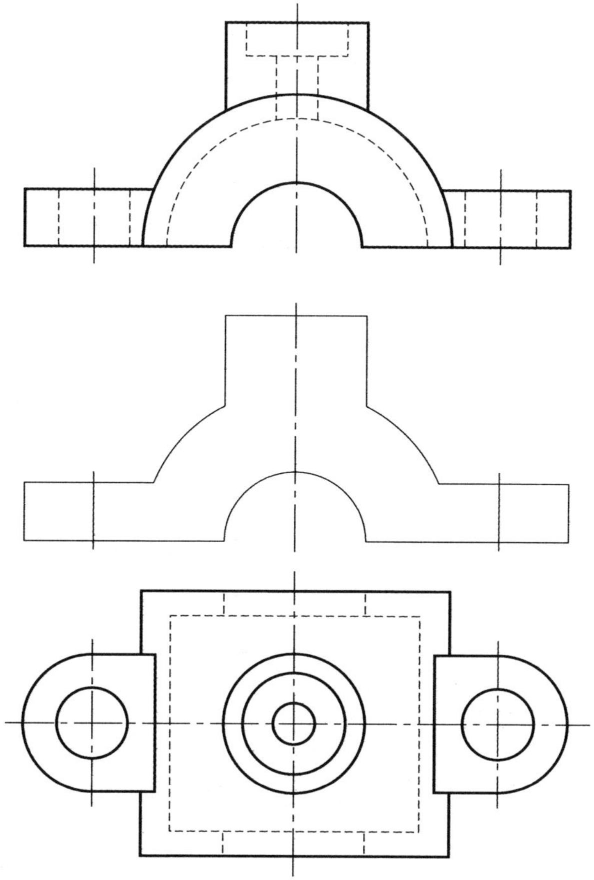

2.

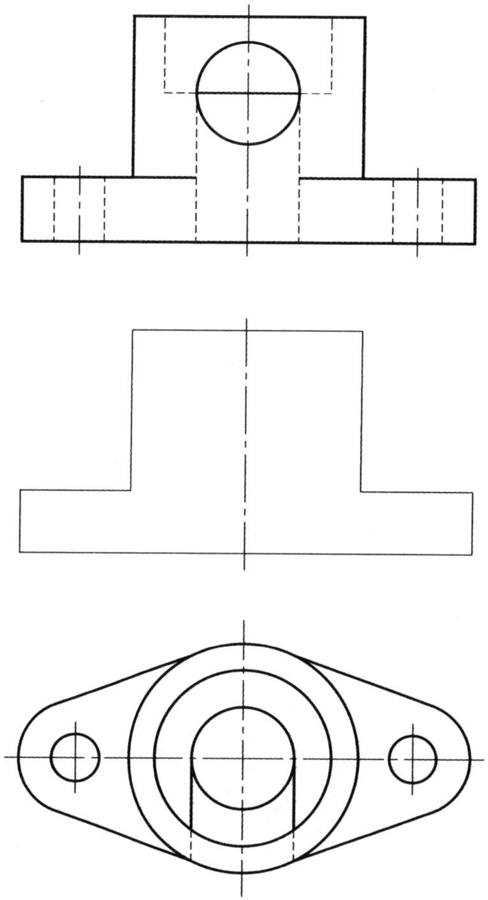

班级____________　学号____________　姓名____________

1-4-8 选择正确的主视图（打“√”）

1.

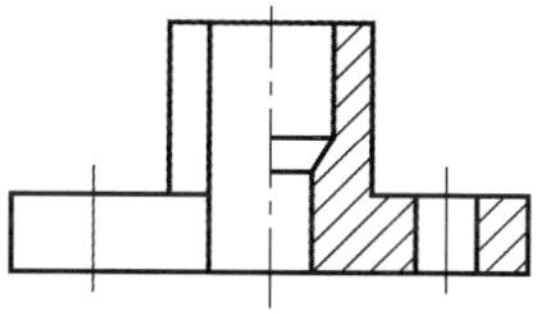

（ ）

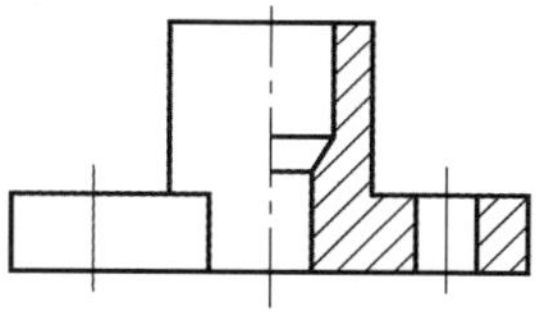

（ ）

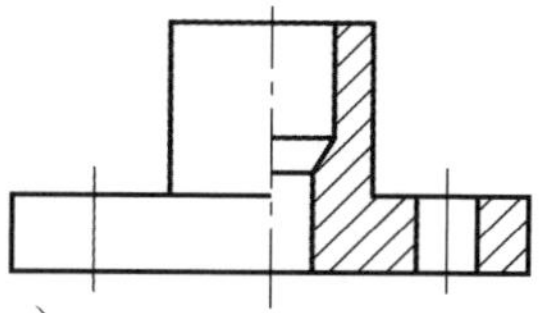

（ ）

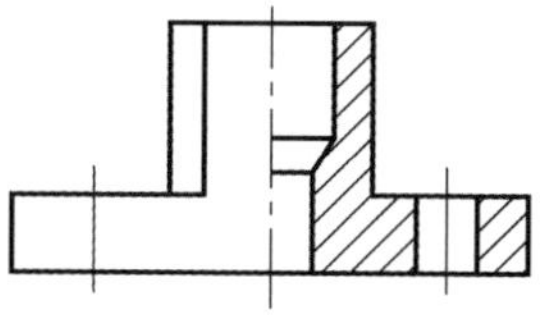

（ ）

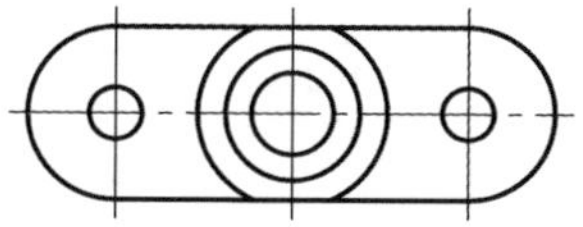

2.

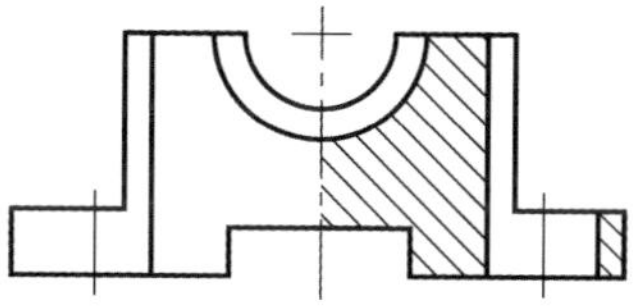

（ ）

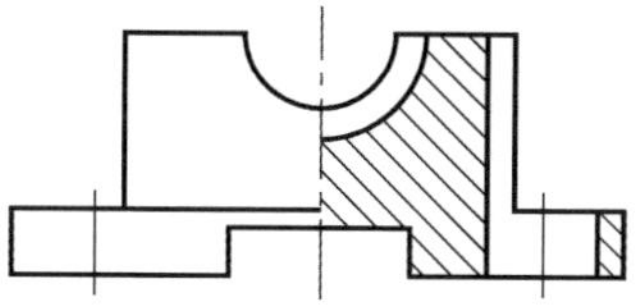

（ ）

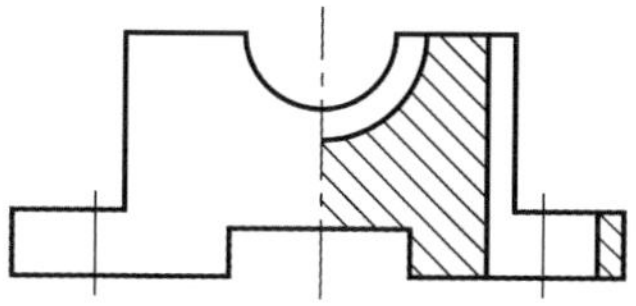

（ ）

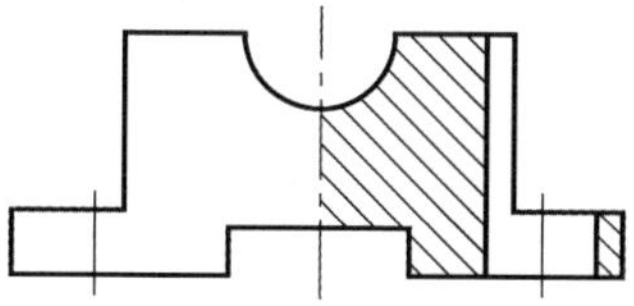

（ ）

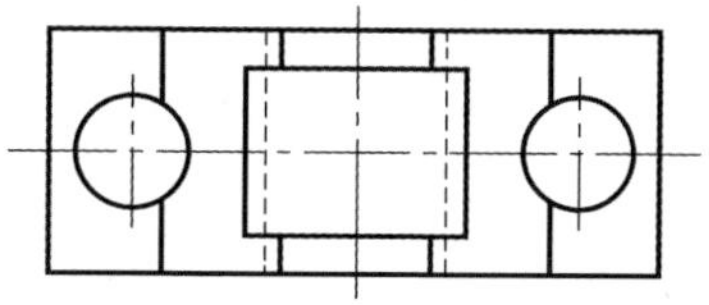

3.

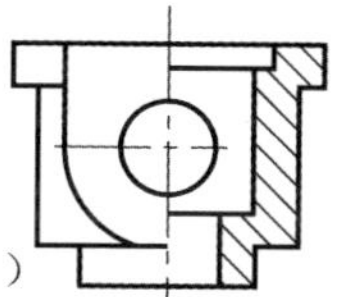

（ ）

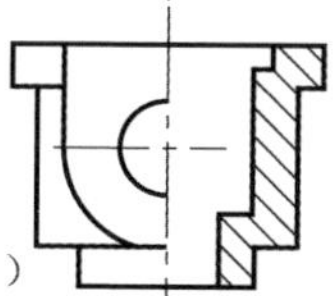

（ ）

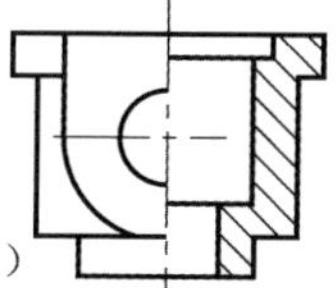

（ ）

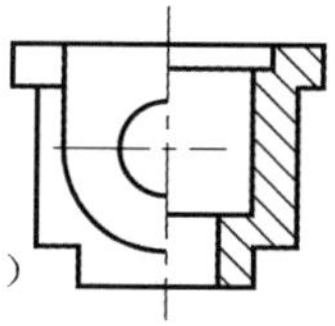

（ ）

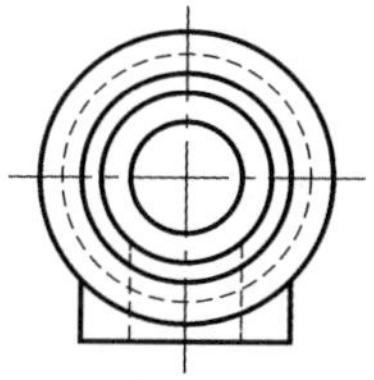

班级____________ 学号____________ 姓名____________

1-4-9　局部剖视图

1. 将主视图改画成局部剖视图

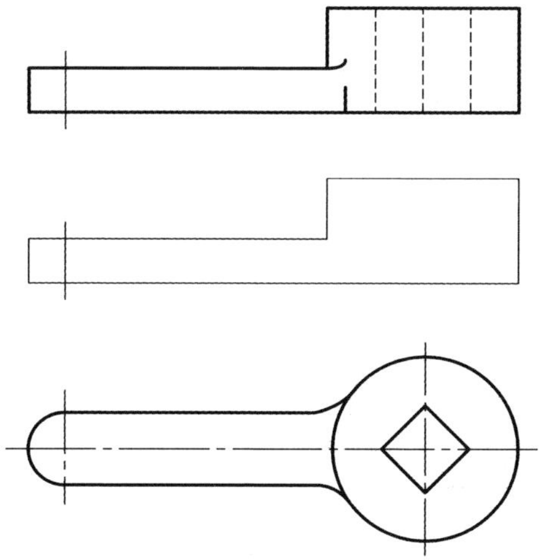

2. 在指定位置将主、俯视图改画成局部剖视图

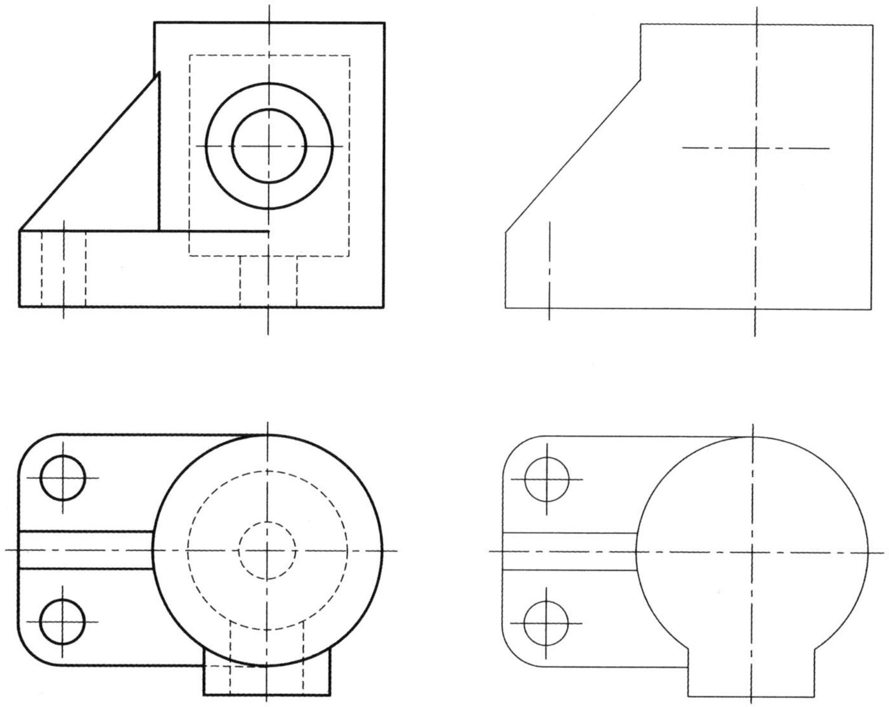

班级__________ 学号__________ 姓名__________

1-4-10 选出正确的局部剖视图，在括号内打“√”

1.

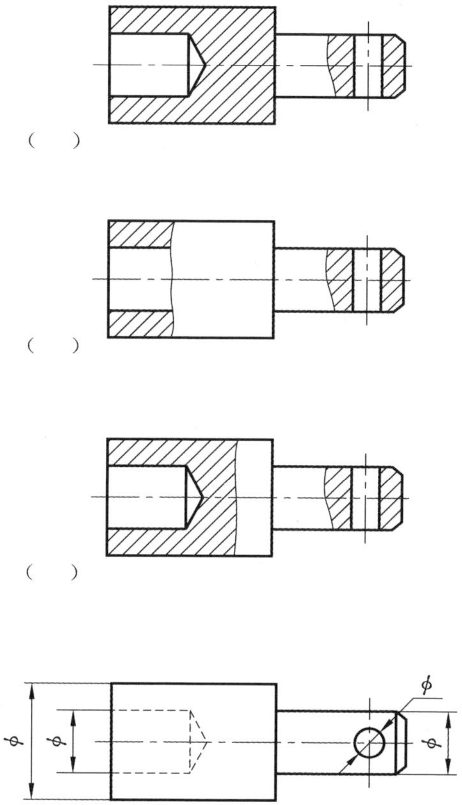

（ ）

（ ）

（ ）

2.

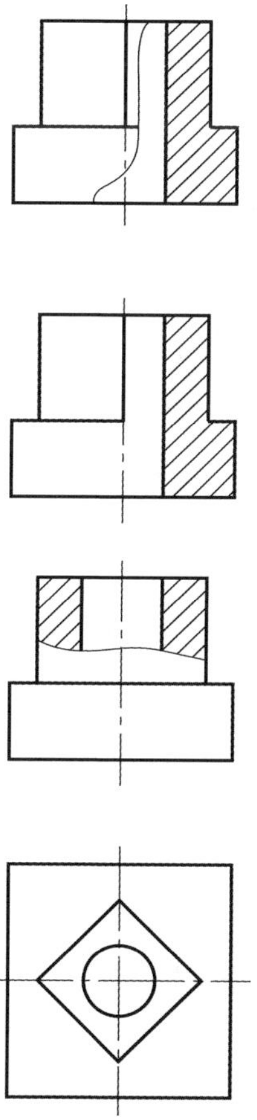

（ ）

（ ）

（ ）

3.

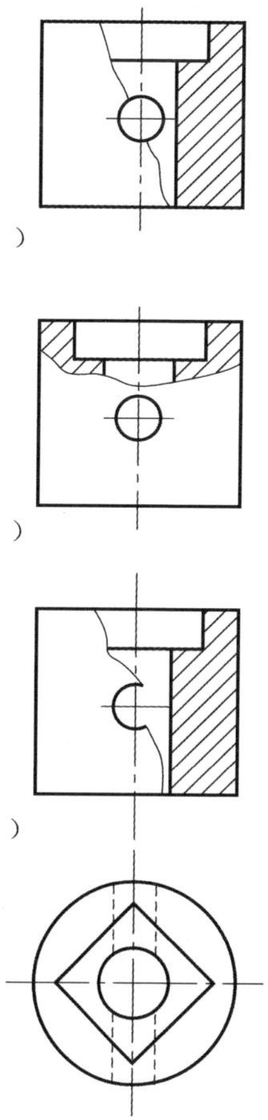

（ ）

（ ）

（ ）

4.

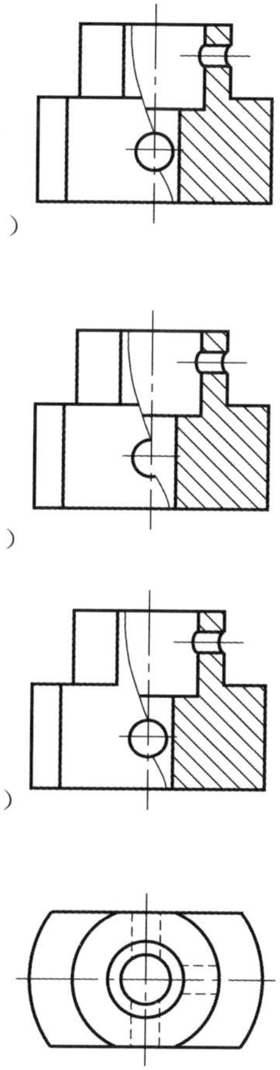

（ ）

（ ）

（ ）

班级＿＿＿＿＿＿ 学号＿＿＿＿＿＿ 姓名＿＿＿＿＿＿

1-4-11 用几个平行的剖切平面剖切机件，将主视图画成全剖视图

1.

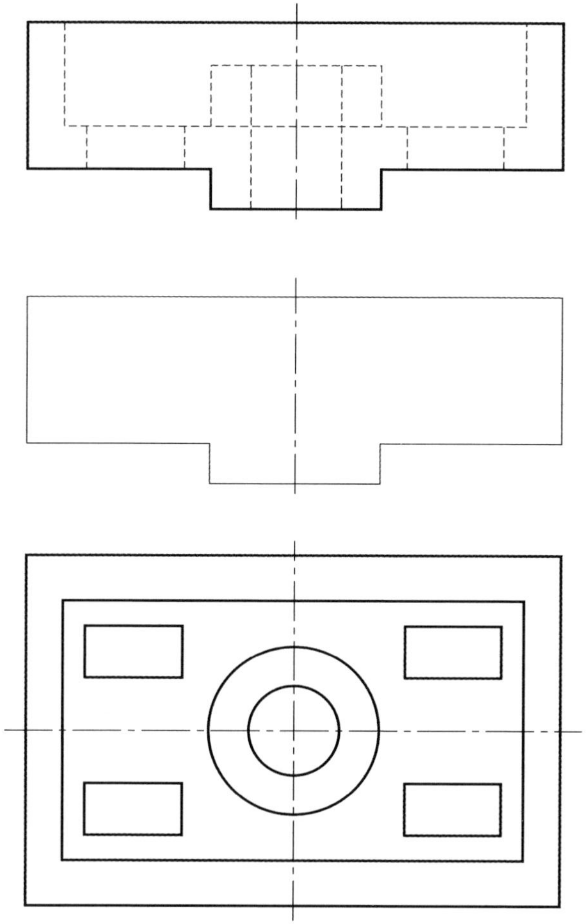

2.

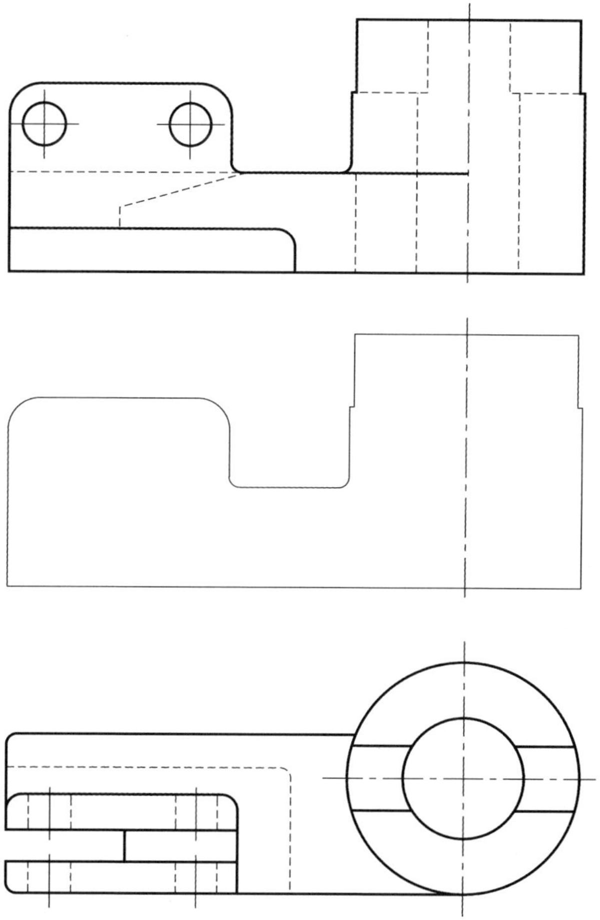

班级__________ 学号__________ 姓名__________

1-4-12 用几个相交的剖切平面剖切机件，将主视图画成全剖视图

1.

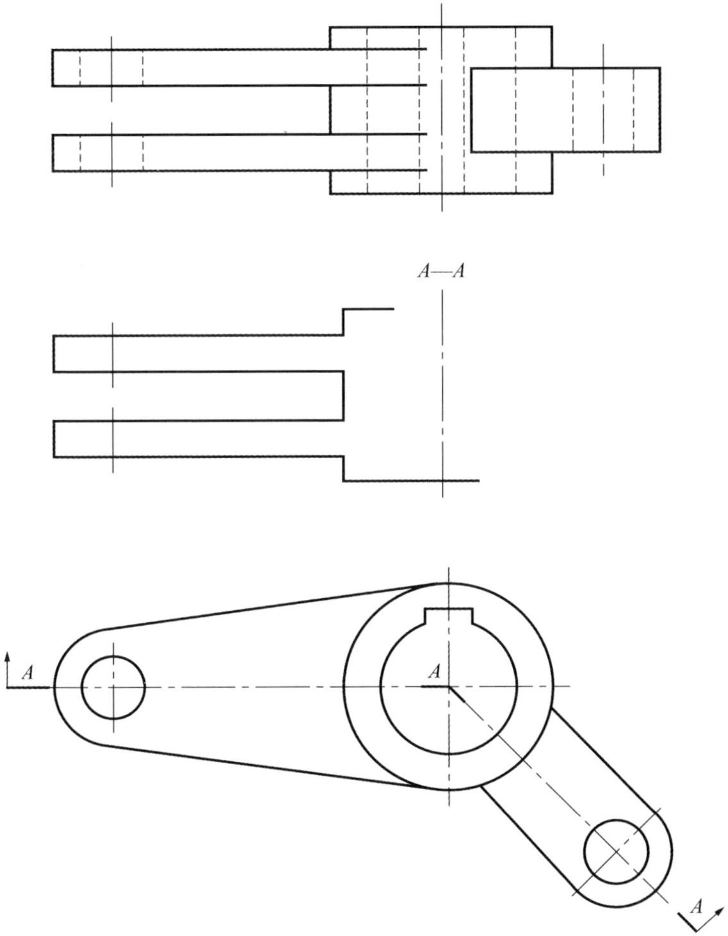

2.

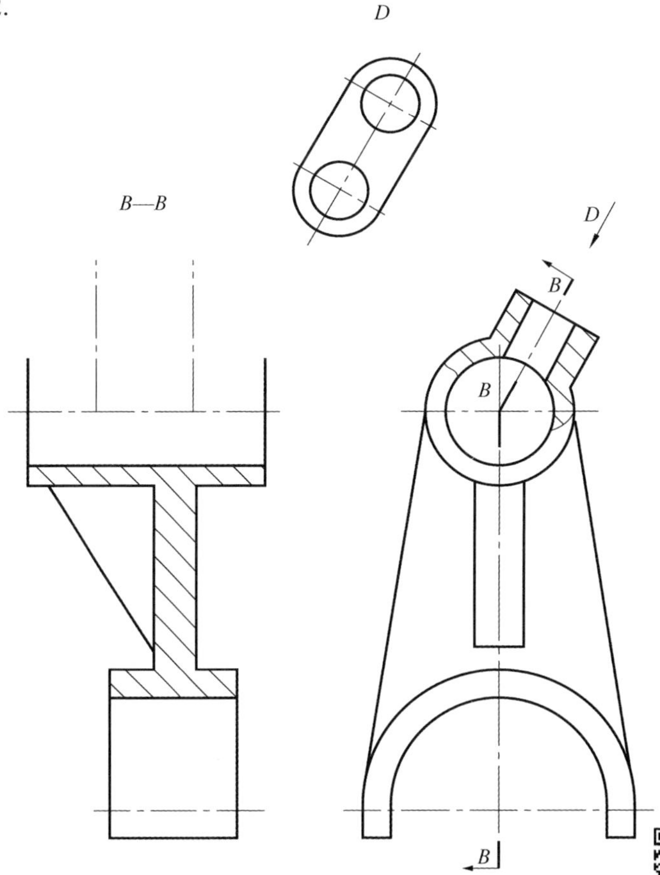

班级____________ 学号____________ 姓名____________

1-4-13 选出正确的主视图，在括号内打“√”

1.

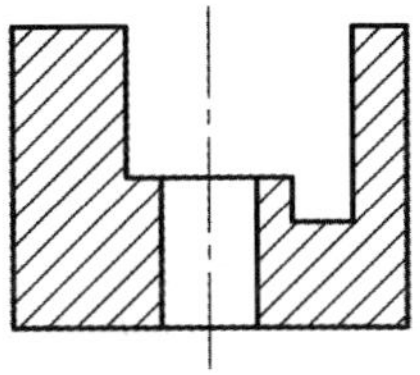

（ ）

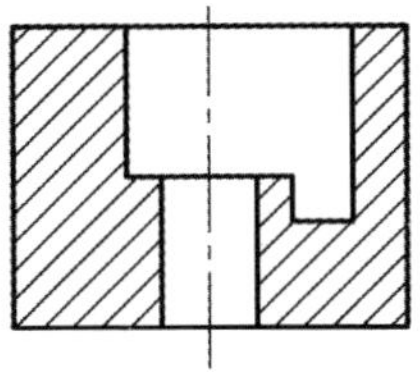

（ ）

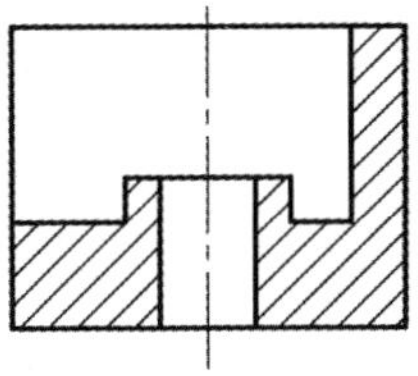

（ ）

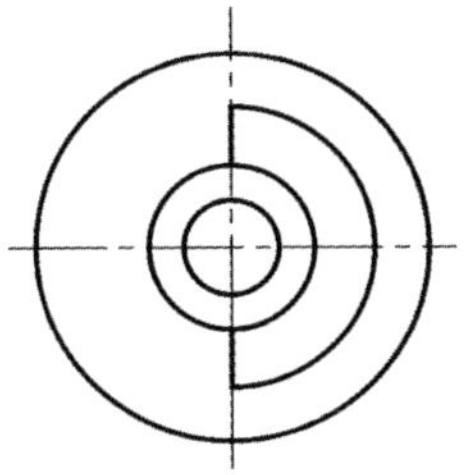

2.

A—A

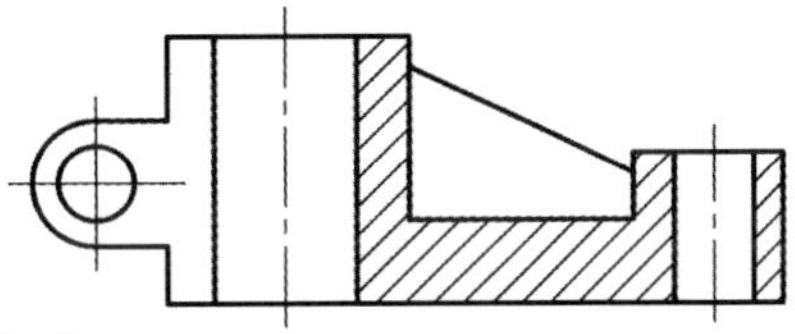

（ ）

A—A

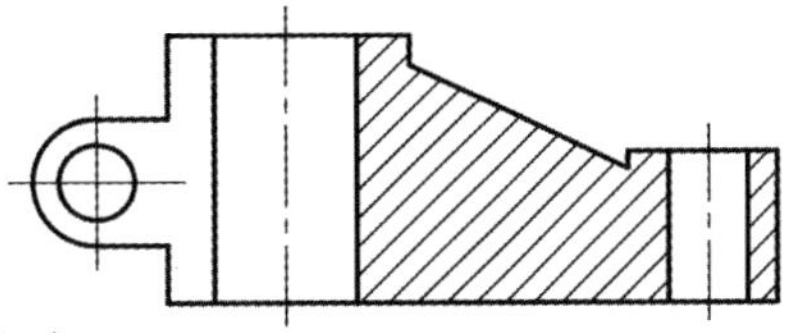

（ ）

A—A

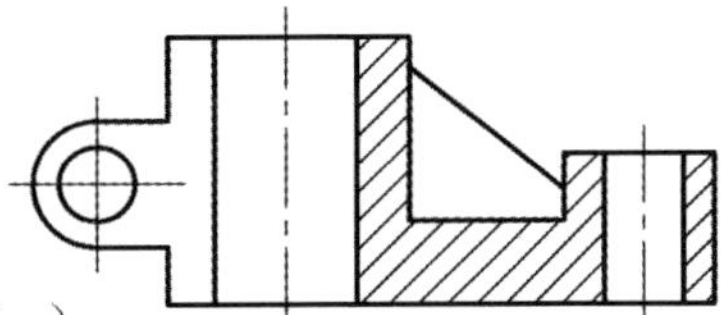

（ ）

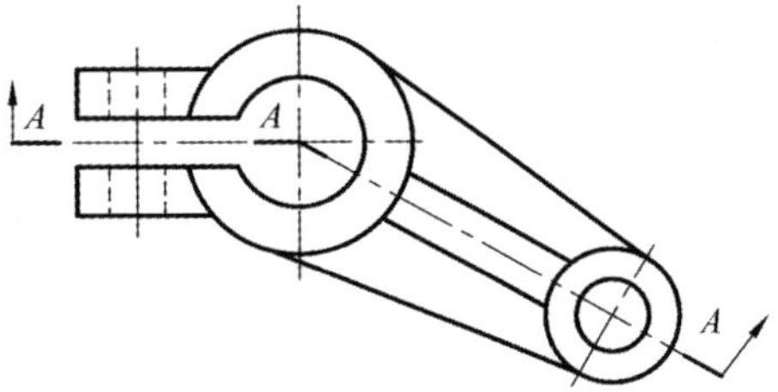

3.

A—A

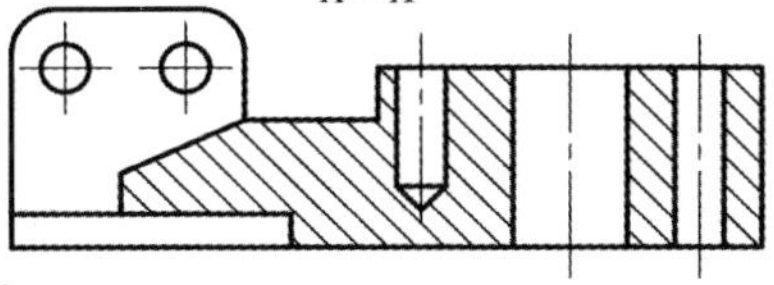

（ ）

A—A

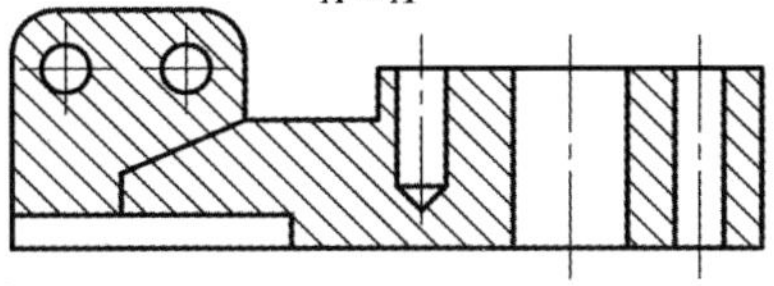

（ ）

A—A

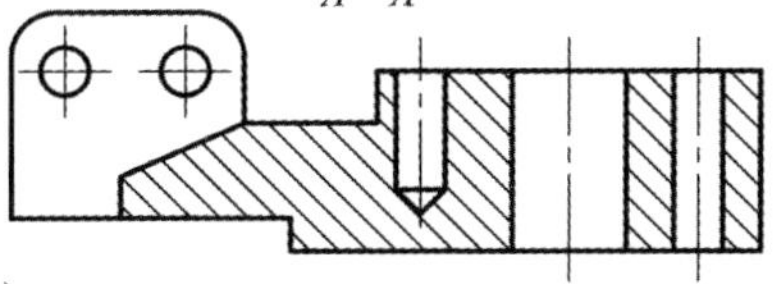

（ ）

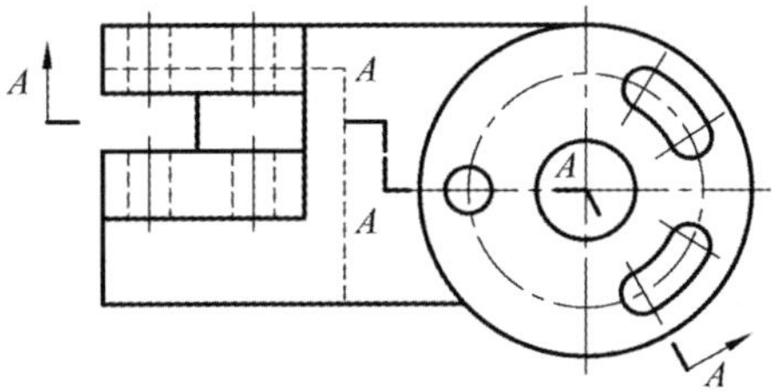

班级__________ 学号__________ 姓名__________

1-4-14　找出正确的移出断面图，在括号内打“√”

1.

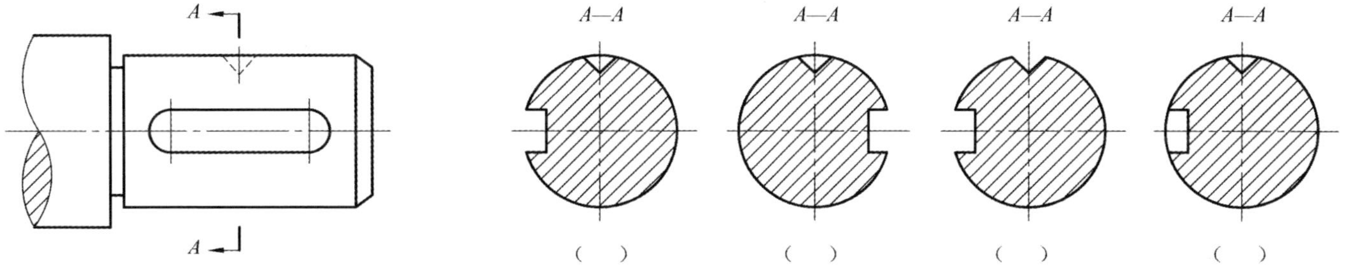

2.

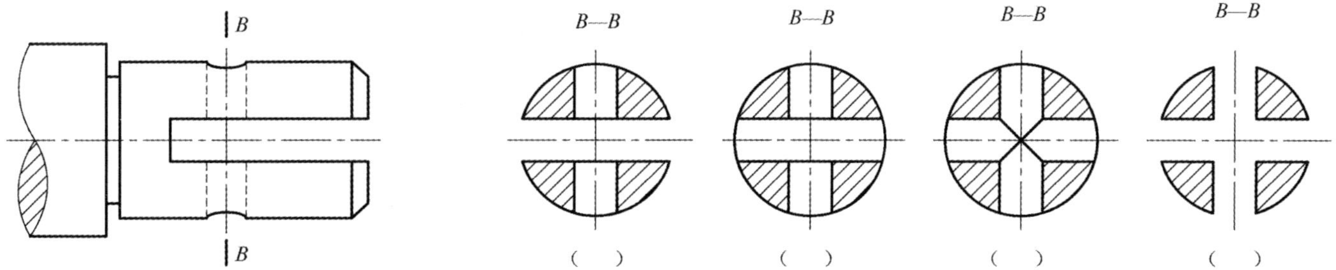

3.

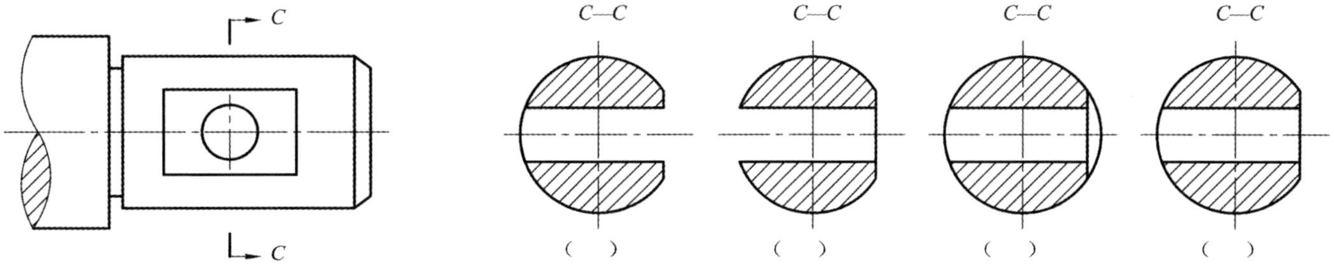

班级__________　学号__________　姓名__________

1-4-15 断面图

1. 在指定位置作出断面图，单面键槽深4 mm，右端有双面平面

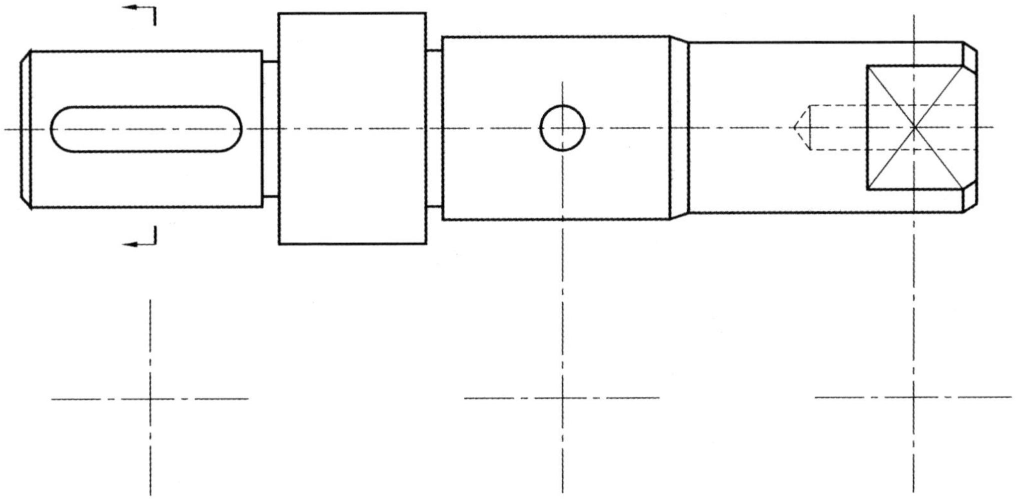

班级____________ 学号____________ 姓名____________

2. 在主视图上画出十字肋的重合断面图

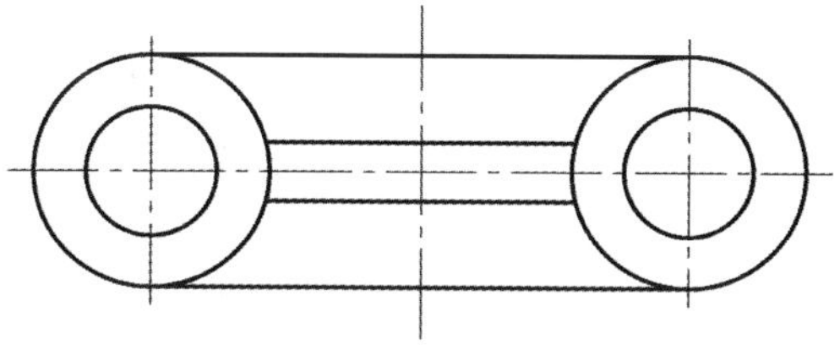

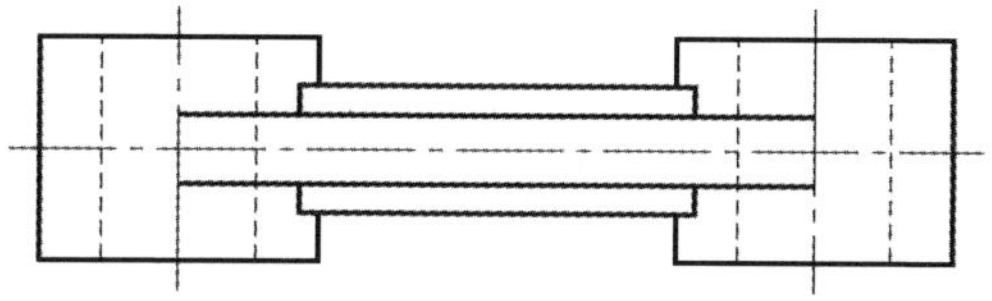

3. 在给定的剖切位置画出移出断面图

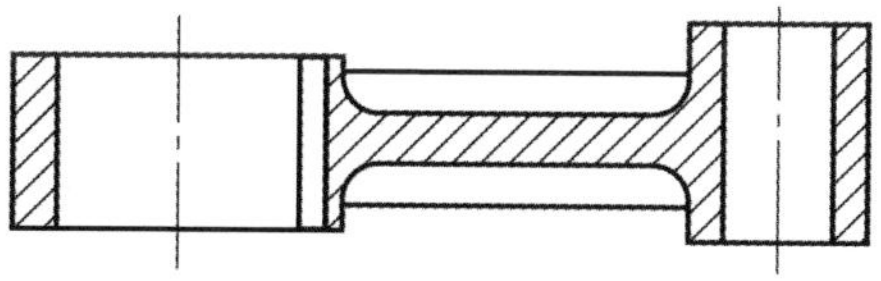

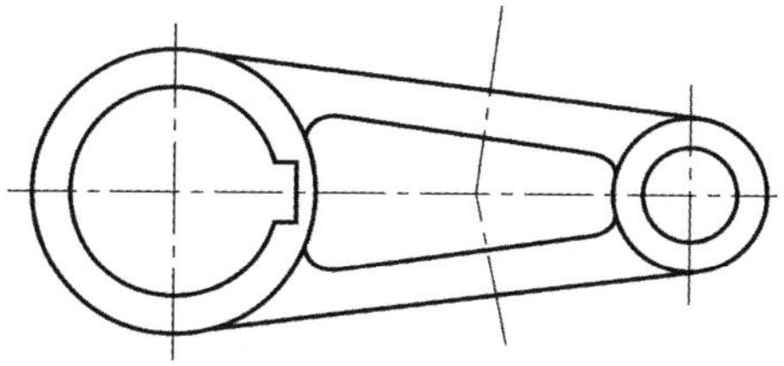

班级＿＿＿＿＿＿ 学号＿＿＿＿＿＿ 姓名＿＿＿＿＿＿

1-4-16 利用AutoCAD用适当的表达方法，将机件的内外形状表达清楚，并标注尺寸（A3幅面，比例1∶1）

1.

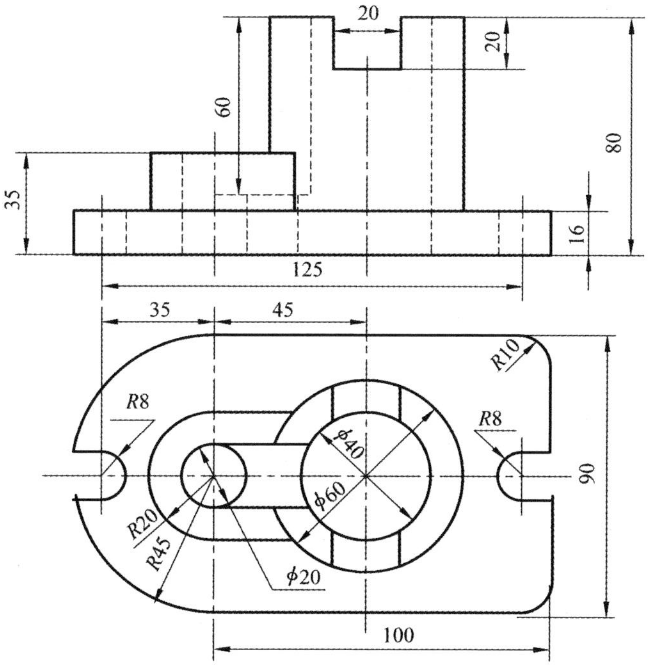

2.

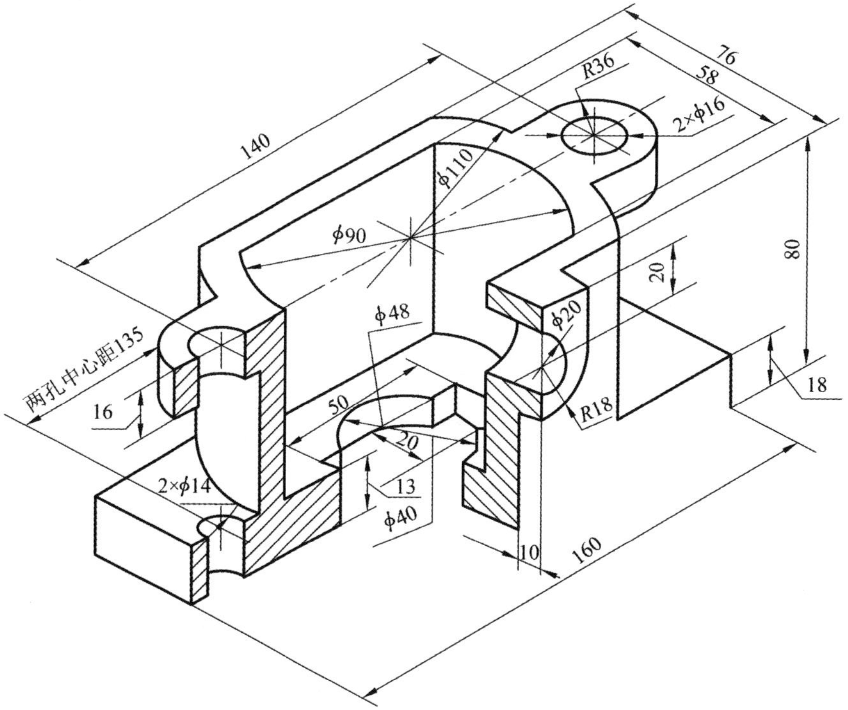

班级__________ 学号__________ 姓名__________

下　篇

2-1-1　找出下列螺纹画法中的错误，用铅笔圈出

1.

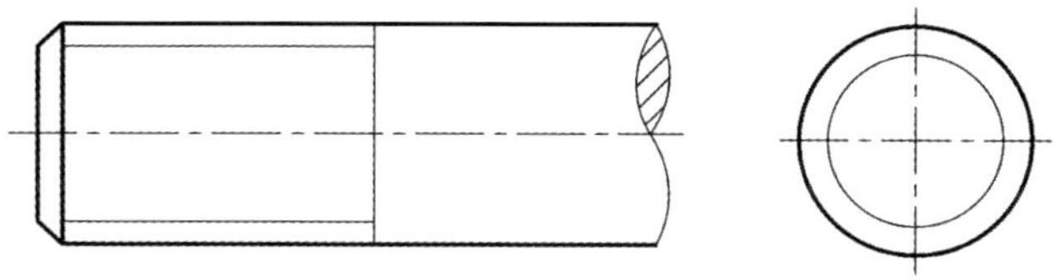

2.

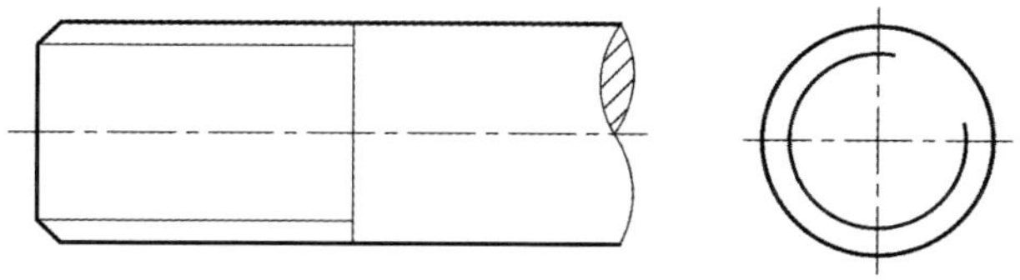

3.

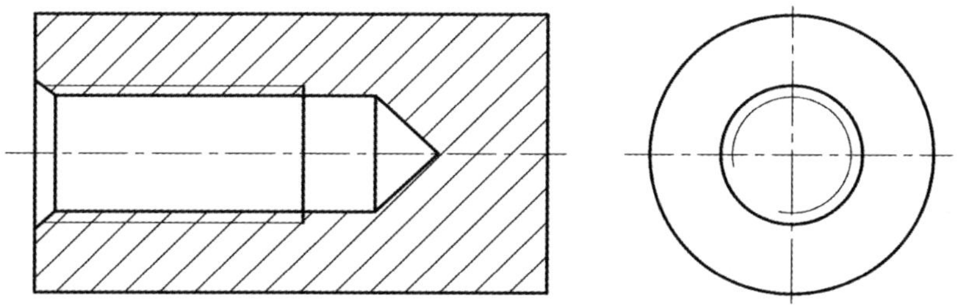

4.

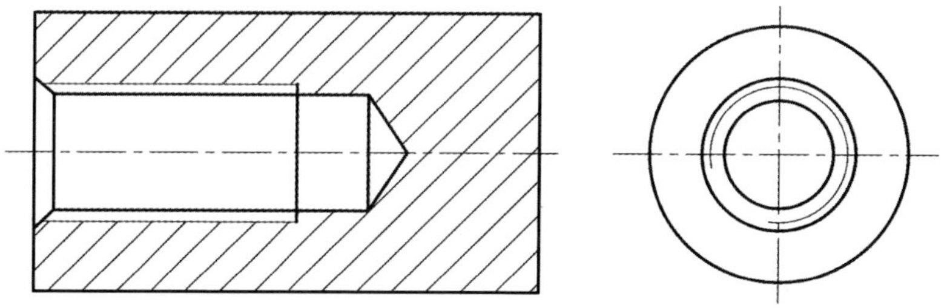

5.

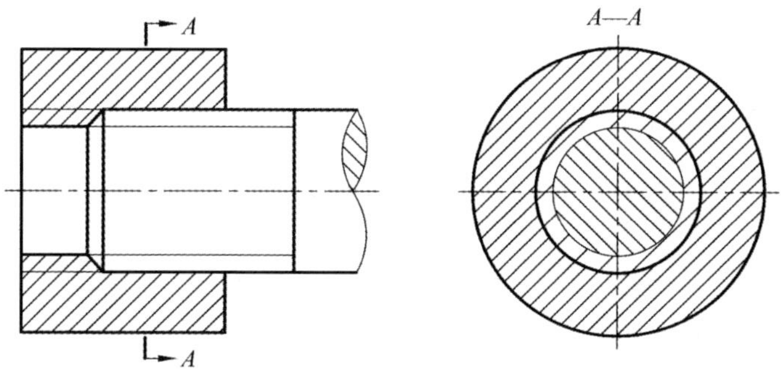

6.

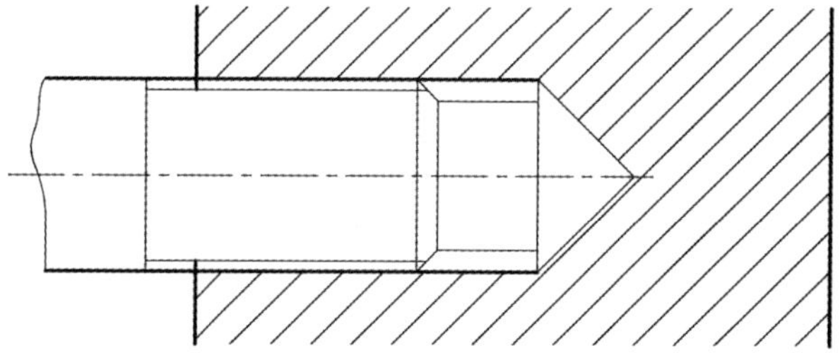

2-1-2 根据螺纹和螺纹连接的规定画法，分析图中的错误，并在指定位置画出正确的图形

1.

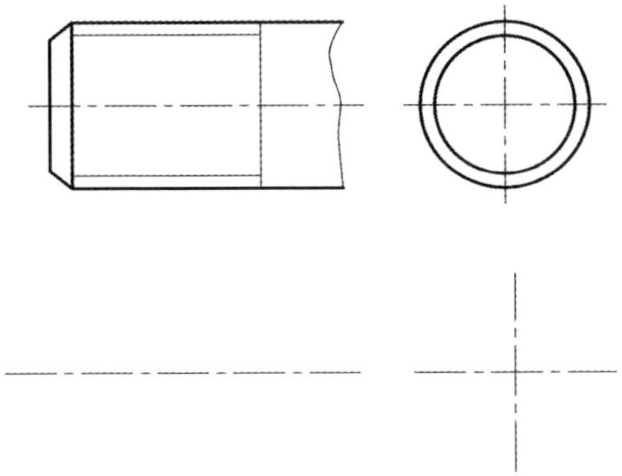

2.

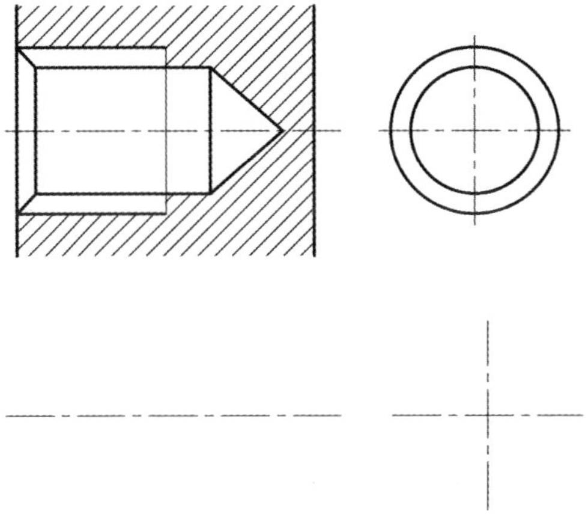

3.

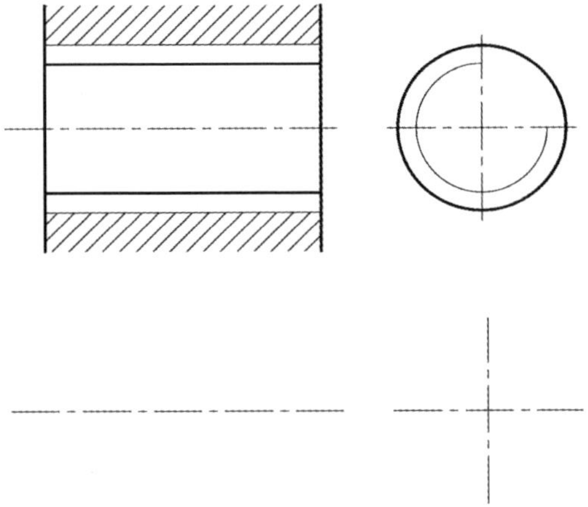

4.

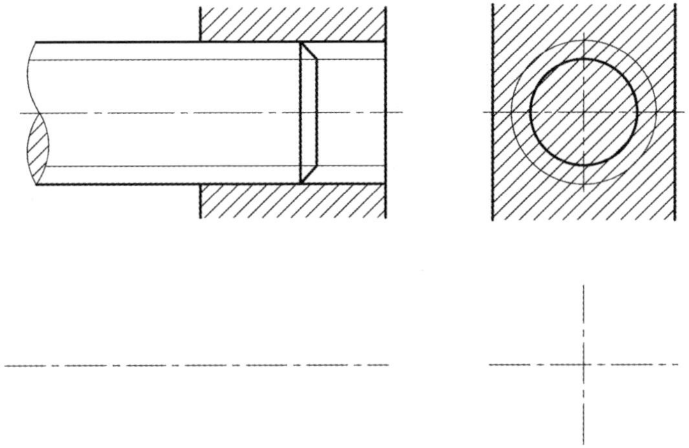

班级＿＿＿＿＿＿ 学号＿＿＿＿＿＿ 姓名＿＿＿＿＿＿

2-1-3 螺纹的标注

1. 螺纹的标记填表

（1）

螺纹标记	螺纹种类	大径	螺距	导程	线数	旋向	公差带代号
M20-6h							
M16×1-5g6g							
M24LH-7H							
B32×6LH-7e							
Tr 18×16P8-8H							

（2）

螺纹标记	螺纹种类	尺寸代号	大径	螺距	旋向	公差等级
G 1 A						
R_1 1/2						
Rc 1-LH						
Rp 2						

 班级________ 学号________ 姓名________

2. 根据给定的螺纹要素，在图上进行标注

（1）粗牙普通螺纹，大径30，螺距3.5，右旋，中径公差带代号为5g，顶径公差带代号为6g，中等旋合长度。

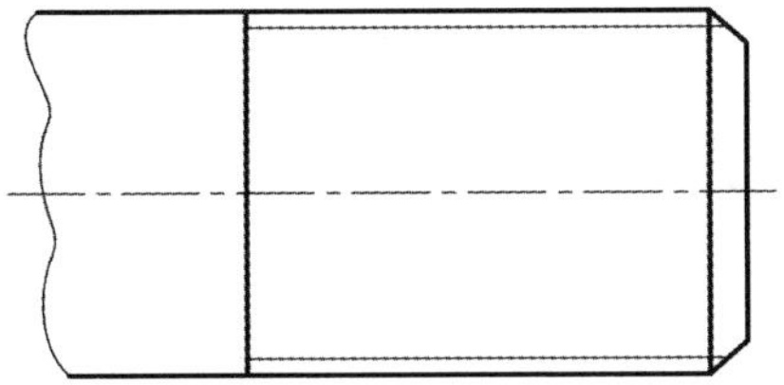

（2）细牙普通螺纹，大径24，螺距2，左旋，中径和顶径公差带代号均为6H，长旋合长度。

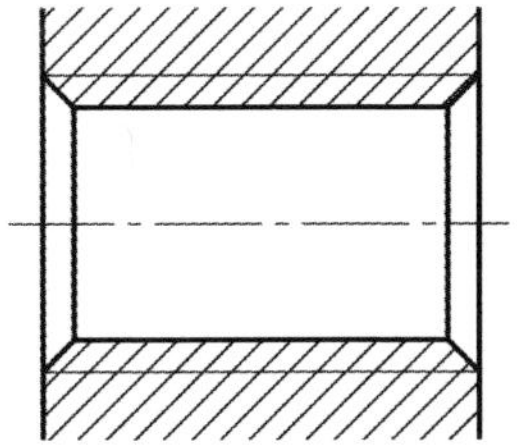

（3）梯形螺纹，大径26，螺距8，双线，右旋，中径公差带代号为8H，中等旋合长度。

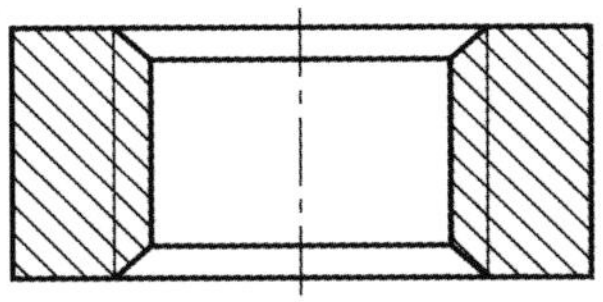

（4）55°非密封管螺纹，尺寸代号为3/4，公差等级为B级，左旋。

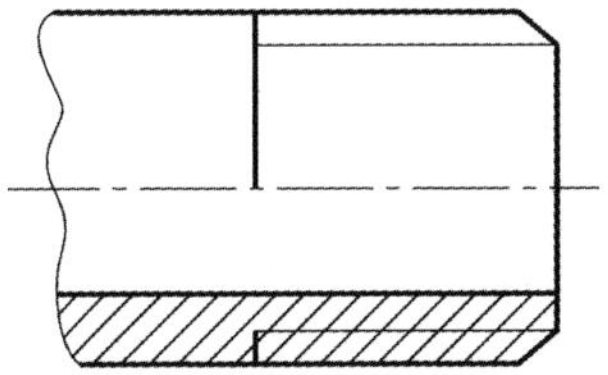

班级____________ 学号____________ 姓名____________

2-1-4 螺纹紧固件的标记及沉头螺钉连接画法

1. 查表确定下列螺纹紧固件的尺寸，并写出其标记

（1）A级六角头螺栓（GB/T 5782—2016）。

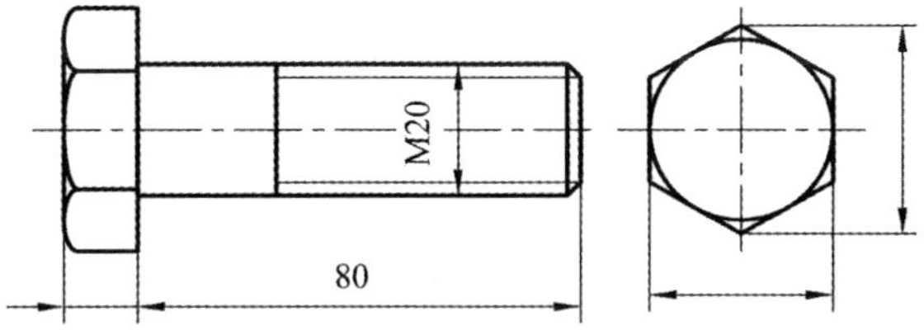

标记：____________________

（2）螺母（GB/T 6170—2015）。

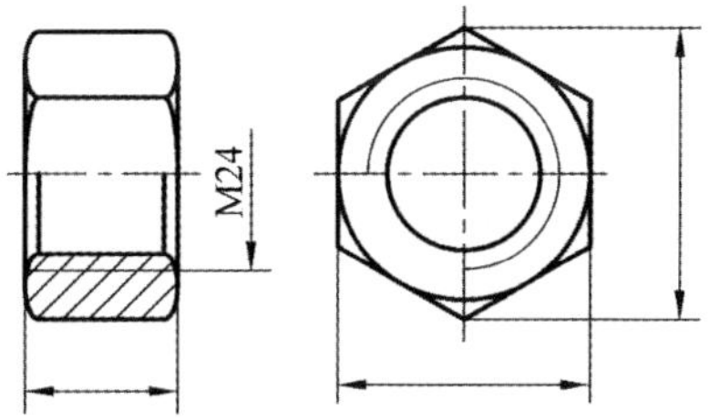

标记：____________________

（3）双头螺柱（GB/T 897—1988）（被旋入零件材料为45钢）。

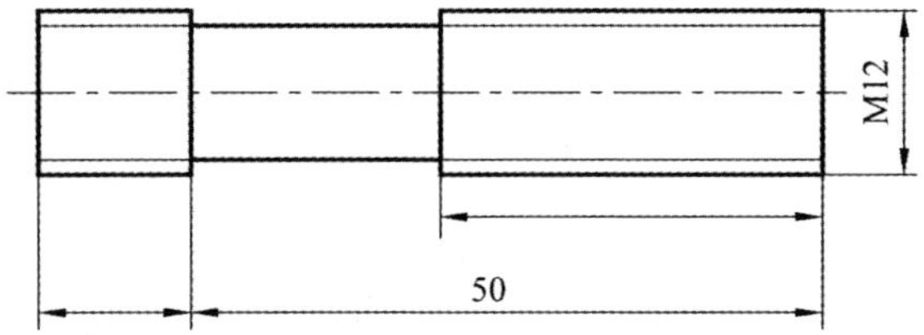

标记：____________________

（4）垫圈（GB/T 97.1—2002，公称规格12）。

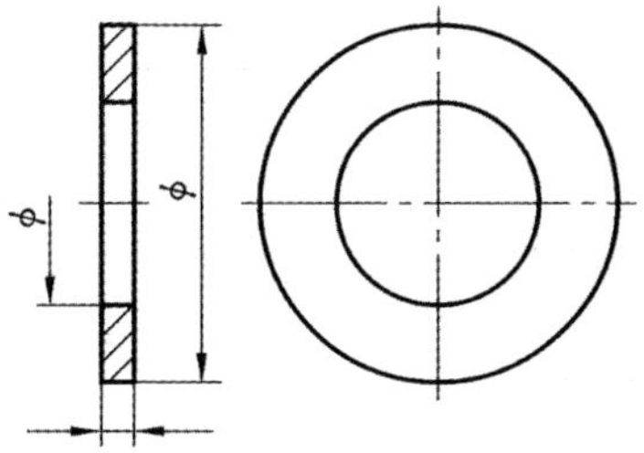

标记：____________________

2. 补全螺钉（GB/T 68 M10×40）连接图中所缺的图线（1∶1）

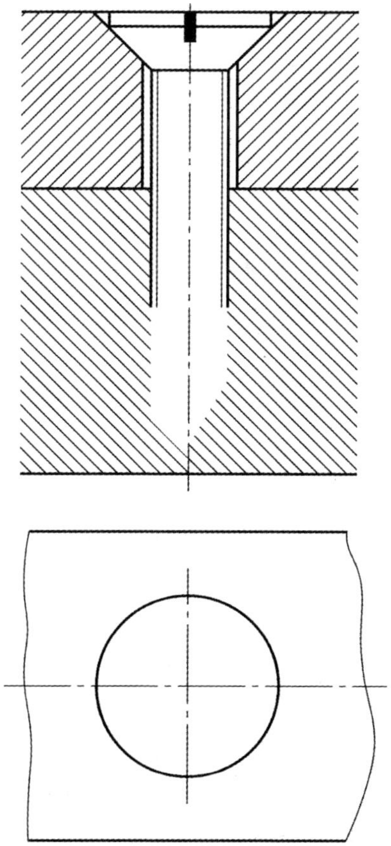

班级__________ 学号__________ 姓名__________

2-1-5 圆柱头螺钉及双头螺柱连接画法

1. 分析圆柱头螺钉连接画法中的错误并将正确的答案画在右边

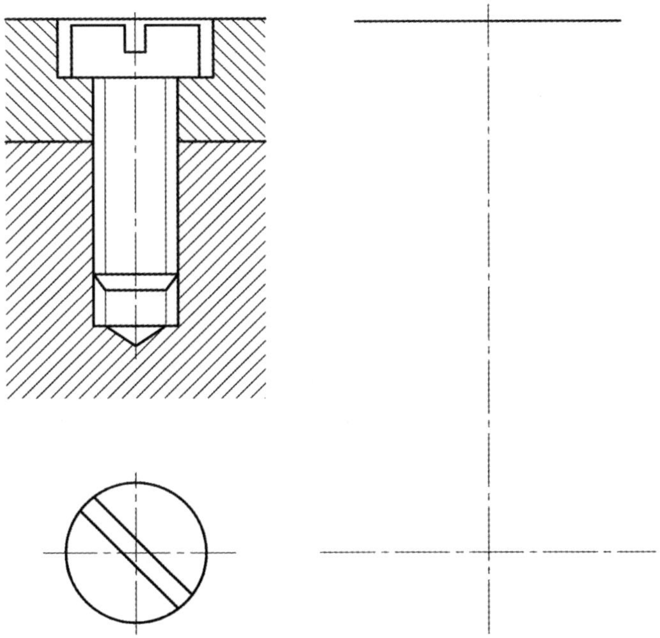

2. 分析双头螺柱连接画法中的错误并将正确的答案画在右边

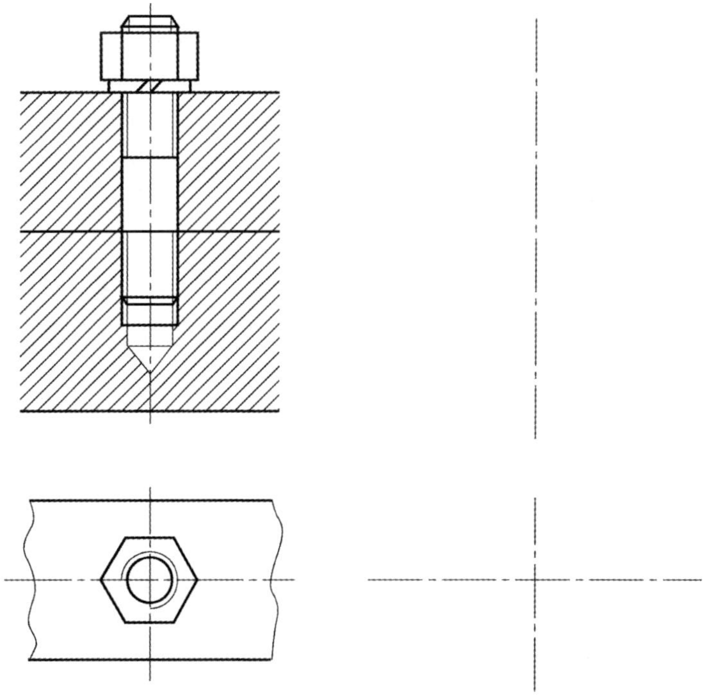

班级＿＿＿＿＿＿　学号＿＿＿＿＿＿　姓名＿＿＿＿＿＿

2-1-6 螺栓连接画法

1. 分析螺纹连接中的错误，补全图中所缺的图线

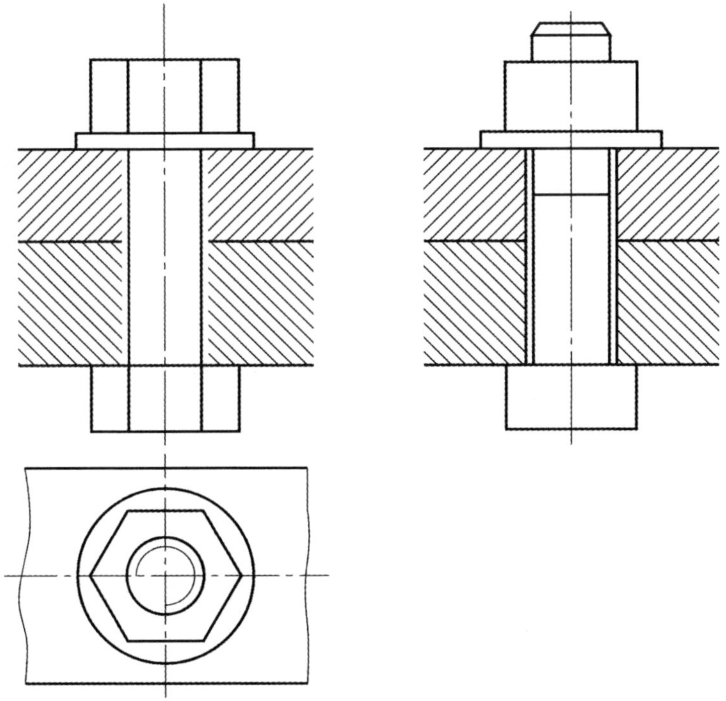

2. 画出螺栓连接图（1∶1），已知孔径为14，螺栓GB/T 5782 M12×55，螺母与垫圈自选

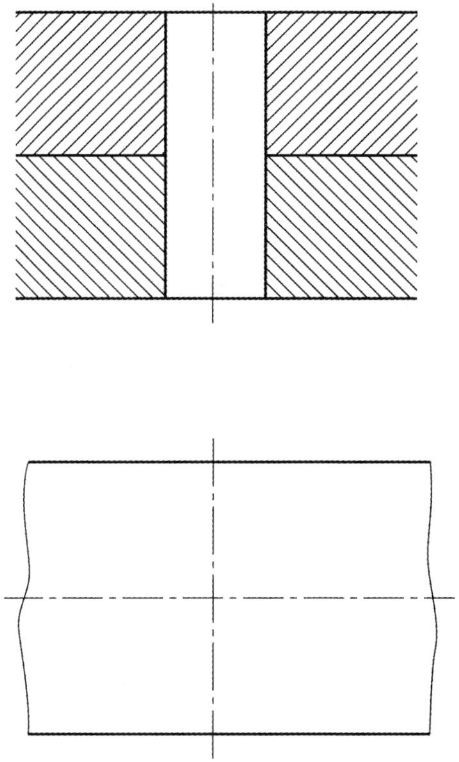

班级__________ 学号__________ 姓名__________

2-1-7　表面结构代号在图样中的标注

1. 分析上图表面结构代号标注的错误，在下图中进行正确标注

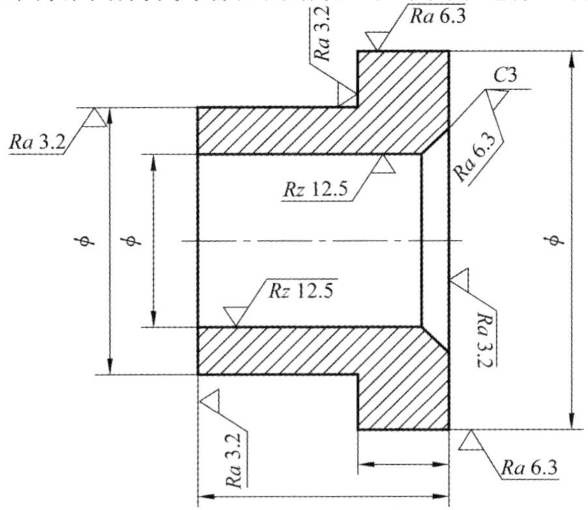

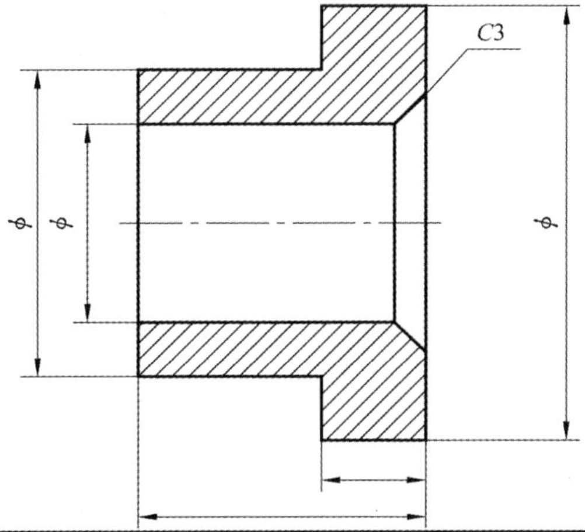

2. 按要求标注零件的表面结构代号

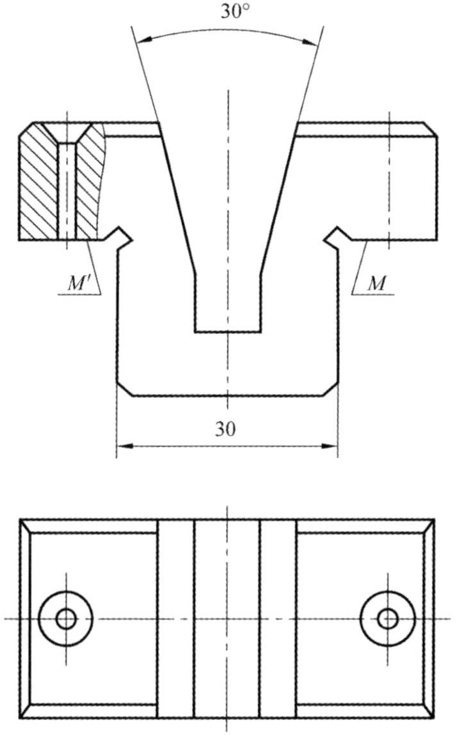

①倾角为30°的两斜面，*Ra*为6.3 μm。

②顶面和长度为30的左、右两侧面，*Ra*为1.6 μm。

③*M*和*M′*面*Ra*为3.2 μm。

④其余表面*Ra*为25 μm。

班级__________　学号__________　姓名__________

2-1-8 极限与配合基本知识练习

1. 根据配合代号及孔、轴的上、下极限偏差，判别配合制和类别，并辨认其公差带图（在空圈内填上相应编号）

① $\phi30\dfrac{H9}{d9}$

$\phi30H9\left(\begin{smallmatrix}+0.052\\0\end{smallmatrix}\right)$

$\phi30d9\left(\begin{smallmatrix}-0.065\\-0.117\end{smallmatrix}\right)$

______制______配合。

② $\phi30\dfrac{G7}{h6}$

$\phi30G7\left(\begin{smallmatrix}+0.028\\+0.007\end{smallmatrix}\right)$

$\phi30h6\left(\begin{smallmatrix}0\\-0.013\end{smallmatrix}\right)$

______制______配合。

③ $\phi30\dfrac{H7}{m6}$

$\phi30H7\left(\begin{smallmatrix}+0.021\\0\end{smallmatrix}\right)$

$\phi30m6\left(\begin{smallmatrix}+0.021\\+0.008\end{smallmatrix}\right)$

______制______配合。

④ $\phi30\dfrac{P7}{h6}$

$\phi30P7\left(\begin{smallmatrix}-0.014\\-0.035\end{smallmatrix}\right)$

$\phi30h6\left(\begin{smallmatrix}0\\-0.013\end{smallmatrix}\right)$

______制______配合。

⑤ $\phi30\dfrac{H7}{s6}$

$\phi30H7\left(\begin{smallmatrix}+0.021\\0\end{smallmatrix}\right)$

$\phi30s6\left(\begin{smallmatrix}+0.048\\+0.035\end{smallmatrix}\right)$

______制______配合。

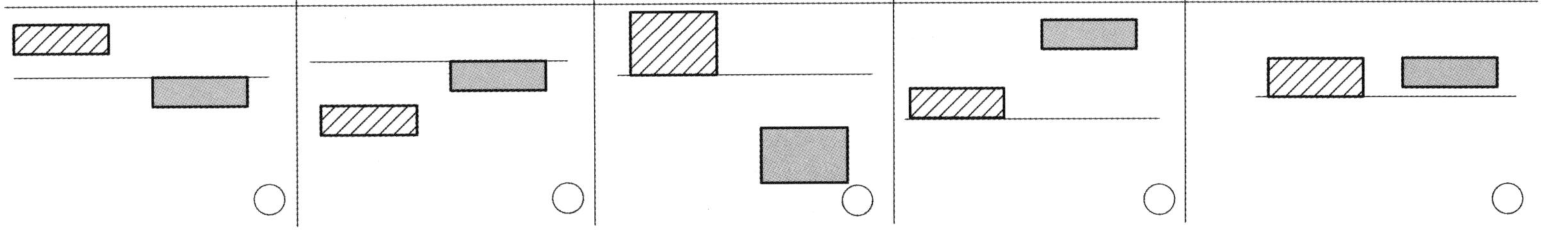

2. 根据图中的标注，填写右表（只填数值）

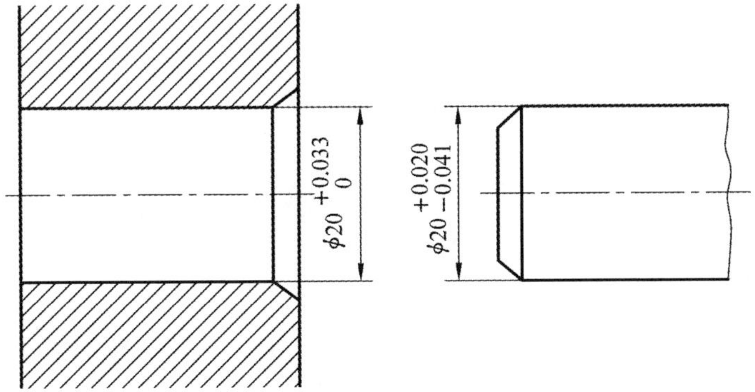

名称	孔	轴
公称尺寸		
上极限尺寸		
下极限尺寸		
上极限偏差		
下极限偏差		
公差		

班级__________ 学号__________ 姓名__________

3.解释图中配合代号的含义，查出偏差值并标注在零件图上

配合尺寸$\phi32\frac{H7}{k6}$ 是________制，孔的基本偏差代号为________，

公差等级为____级；轴的基本偏差代号为_____，公差等级为____级，

它们是_____配合。

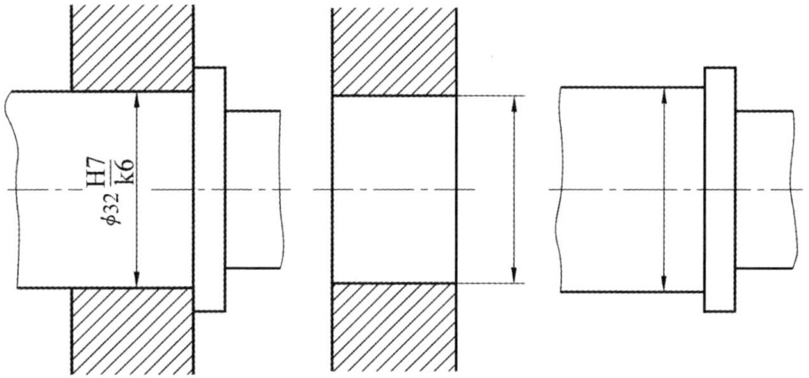

4. 根据零件图上的标注，查极限偏差表，并在装配图中标出公称尺寸和配合代号

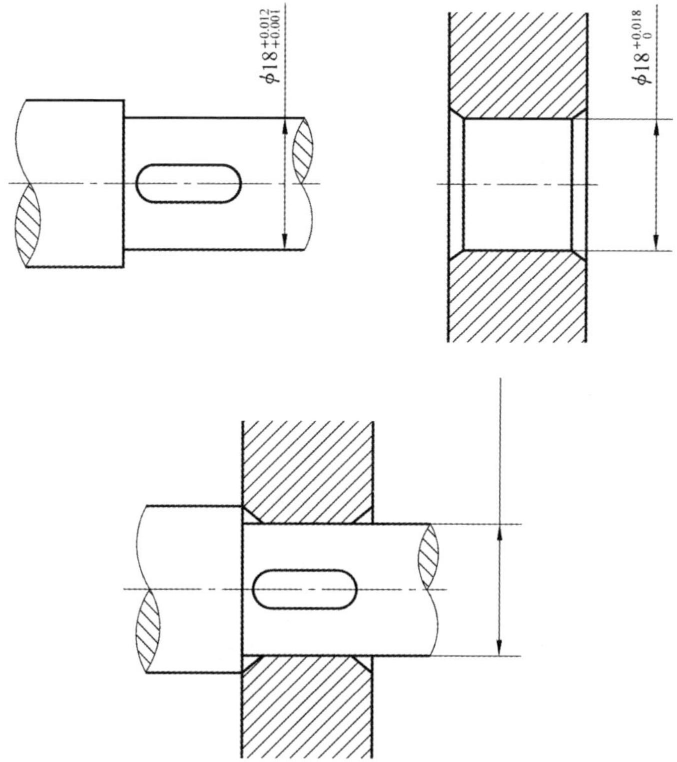

班级____________ 学号____________ 姓名____________

2-2-1　键连接

已知轮毂和轴用A型圆头普通平键连接，孔直径为16 mm，键的长度为16 mm。

(1) 写出键的规定标记：____________________________。

(2) 查表确定键和键槽的尺寸，用比例1∶1补全下列各视图和断面图，并标注键槽的尺寸。

① 轴

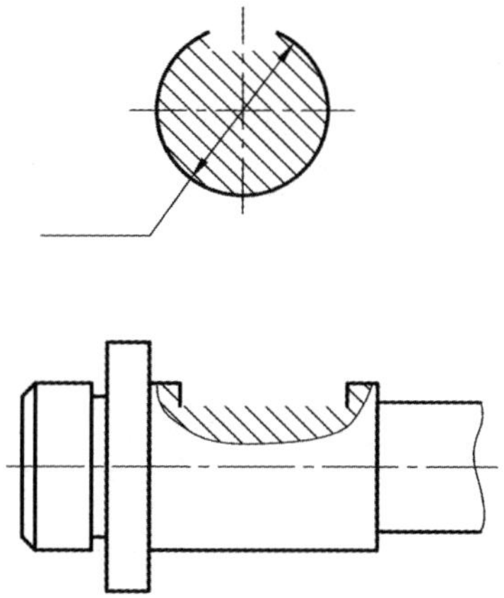

② 轮毂

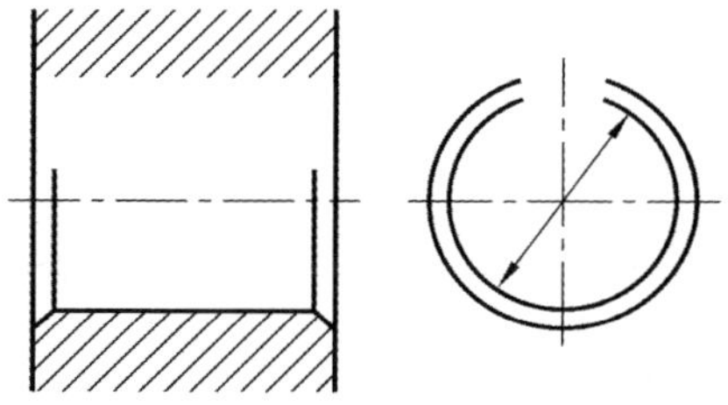

③ 齿轮和轴

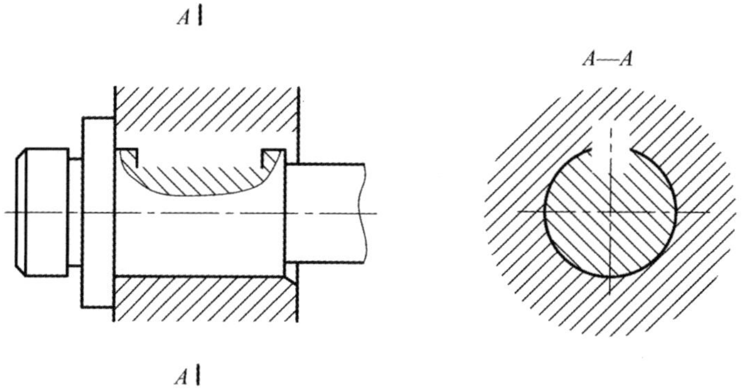

2-2-2 几何公差

1. 解释图中框格的含义

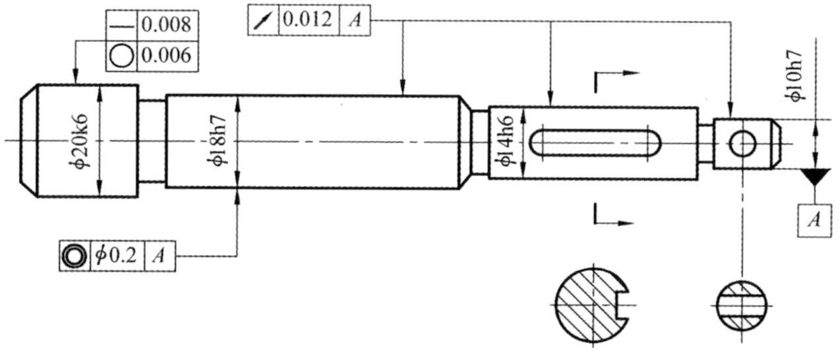

— 0.008 ____________________

○ 0.006 ____________________

↗ 0.012 A ____________________

◎ φ0.2 A ____________________

2.标注几何公差

（1）φ25h6对φ11k5和φ17k5公共基准轴线的全跳动公差为0.025。

（2）φ17k5对φ11k5轴线的同轴度公差为0.02。

（3）端面*A*对φ25h6轴线的垂直度公差为0.04。

（4）键槽8P9中心平面对φ25h6轴线的对称度公差为0.03。

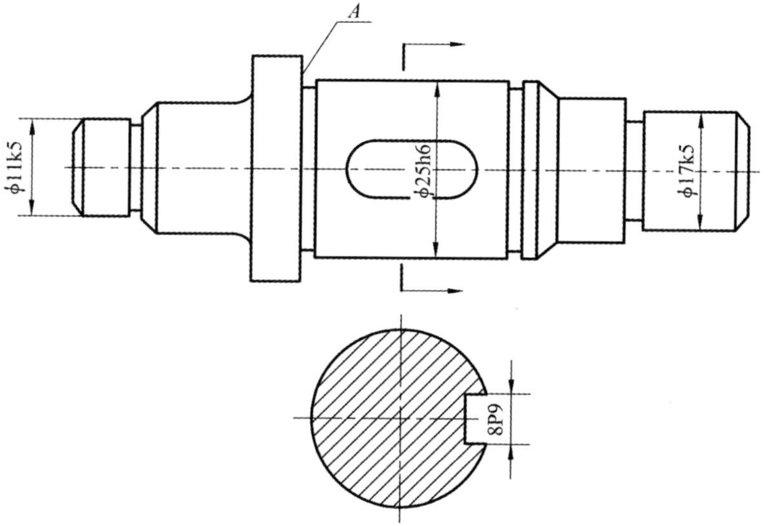

班级__________ 学号__________ 姓名__________

2-2-3 读零件图（一）

学习安全阀的工作原理及装配顺序，识读安全阀部分零件图（见下页）并填空

安全阀工作原理：安全阀正常工作时，阀门2（见右图）靠弹簧4的压力处于关闭位置，油从阀体1左端孔流入，经下端孔流出。当油压超过允许压力时，阀门被顶开，过量的油就从阀体和阀门开启后的缝隙间经阀体右端孔管道流回油箱，从而使管路中的油压保持在允许范围内，起到安全保护作用。

安全阀由13种零件组成。其中，件7、10、11、12、13是标准件，其余均为非标准件。安全阀的装配顺序为：

（1）将阀门2锥面朝下放入阀体1上方中部的孔中，并使两零件各自90°的锥面贴合。

（2）将垫片3放置在阀体1上方结合面处。

（3）将弹簧4放入阀门2的孔中。

（4）将托盘5小头朝下压在弹簧4上。

（5）将阀盖6盖好，并用4组螺栓（件13）、垫圈（件12）、螺母（件11）将阀体1与阀盖6连接。

（6）将螺杆8拧入阀盖6的螺孔中，并拧紧螺母10。

（7）将阀帽9戴上并将螺钉7拧紧。

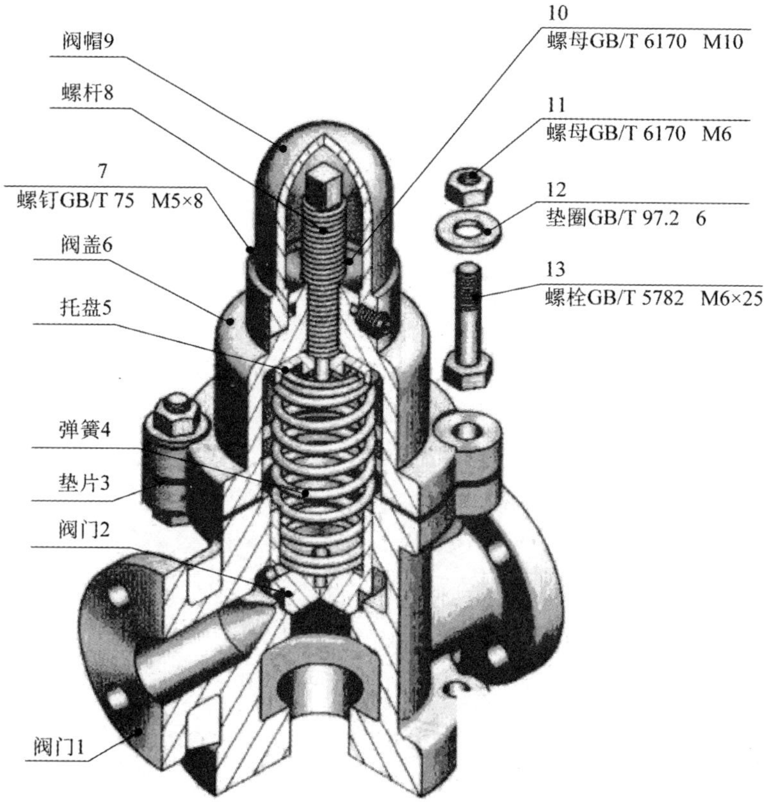

班级________ 学号________ 姓名________

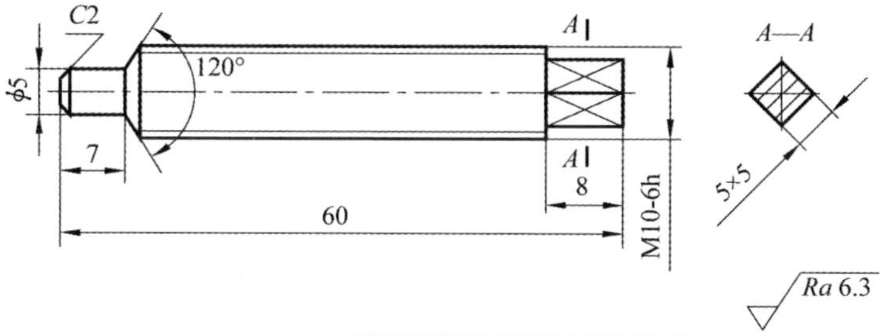

8	螺杆	1	Q235	1∶1
件号	名称	数量	材料	比例

（1）识读螺杆零件图（见上图）可知，螺杆的材料代号为________，其含义是____。

（2）螺杆主视图中的*A*—*A*是__________图，由此图可知螺杆右端为__________形，尺寸为________。

（3）识读阀门零件图（见右图）可知，阀门属回转类零件，其材料代号为__________，其含义是____。

（4）阀门的外形为______形。左侧内部有一直径为______的孔。右侧小圆柱的端面处有一______°的______面；内部中间有一螺孔，其公称直径为________，螺孔深度为________，该螺纹工作表面的表面结构参数*Ra*=________。

（5）阀门零件图中，尺寸φ34g6的基本偏差代号为______，公差为______，公差等级为______级。

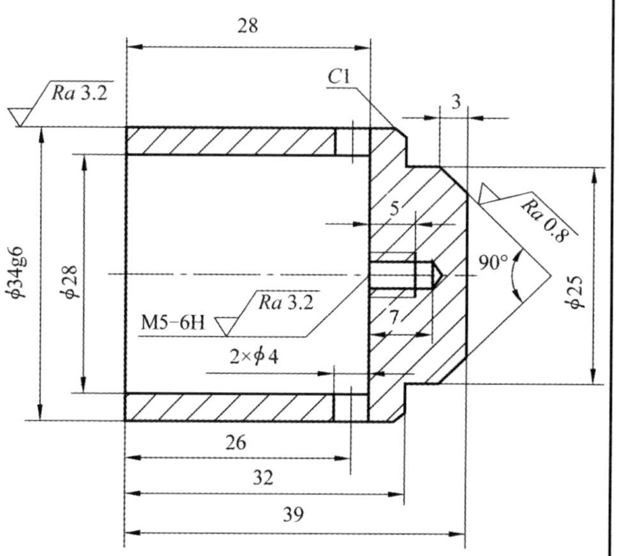

技术要求

90°锥面与阀体1对研。

Ra 12.5 （√）

2	阀门	1	H62	1∶1
件号	名称	数量	材料	比例

班级__________ 学号__________ 姓名__________

2-2-4 读零件图（二）

（1）识读阀盖零件图（见右图）可知，阀盖的材料为________。

（2）阀盖用________个视图表达，主视图采用________表达方法，俯视图是________视图。

（3）阀盖外形由_______个___________叠加而成。在阀盖底板四周有_____个_____孔，其中大孔直径为_______，小孔直径为_____。

（4）在阀盖上部中间有一_______孔，其标注M10-6H的含义是____。

（5）在阀盖下方内部有一直径为_____的______，其表面结构参数Ra=____。

（6）阀盖主视图上有一尺寸ϕ 26h11，其公称尺寸为_______，公差带代号为_______，查表可知上极限偏差为________，下极限偏差为__________，公差为__________。零件加工时，该尺寸最大不能超过_______，最小不能小于______。

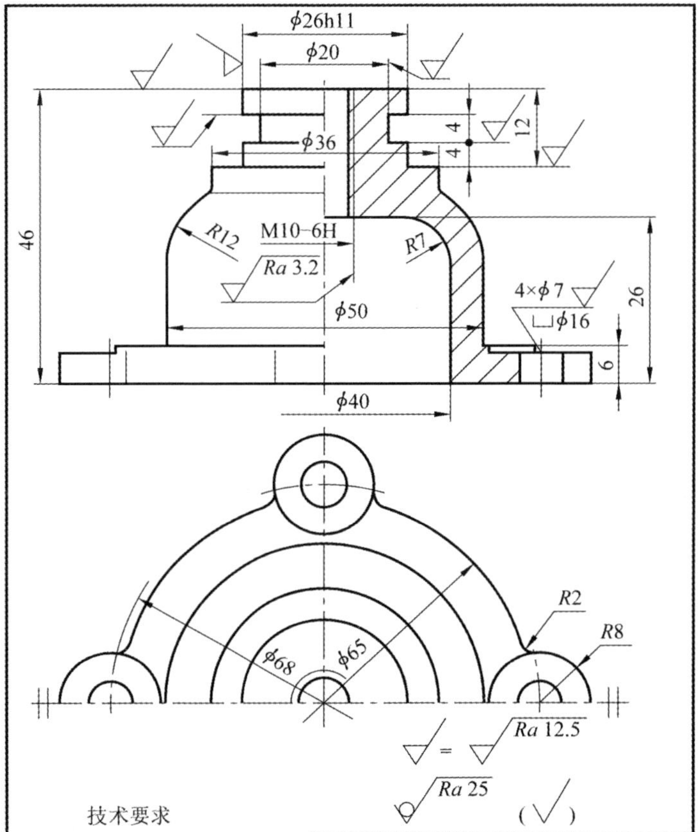

技术要求

1.非机械加工表面喷绿色油漆。

2.未注圆角$R2$。

6	阀盖	1	ZL2	1∶1
件号	名称	数量	材料	比例

班级__________ 学号__________ 姓名__________

2-2-5 读零件图（三）

1.读套筒零件图（P66），并填空

（1）在图中用符号▼指出径向尺寸基准与轴向尺寸基准。

(2) 套筒左端两条虚线之间的距离为______________。

（3）图中标有①的直径为__________；图中标有②的线框，其定形尺寸为__________，定位尺寸为__________。

（4）图中标有③的曲线是由__________和__________相交而成的__________。

（5）外圆面ϕ132±0.2最大可加工成__________，最小可加工成__________，公差为__________。

（6）说明符号|◎|ϕ0.04|A|的含义，◎表示__________，ϕ0.04表示__________，A是__________。

（7）局部放大图中④所指位置的表面结构要求为__________。

（8）靠近右端的2×ϕ10孔的定位尺寸为__________。

（9）查表确定极限偏差：ϕ95h6(__________)、ϕ60H7(__________)。

（10）在指定位置（C—C处）画断面图（画在主视图右侧）并标注。

2.读端盖零件图（P67），并填空

（1）在图中用符号▼指出轴向尺寸基准和径向尺寸基准。

（2）主视图是____剖视图。

（3）Rc 1/4的含义是____。

（4）ϕ90外圆的表面结构要求是___________。

（5）几何公差代号|◎|ϕ0.025|A|的含义是____。

（6）3×M5-7H↧10的含义是____，划线下面“孔↧12”的含义是______________________________。

（7）6×ϕ7及⌴ϕ11↧5的定位尺寸是______________________________。

（8）从ϕ55g6判断，其公称尺寸是________，公差带代号是________，基本偏差代号是________，公差等级是________。

（9）主视图中，ϕ10孔处有两条相交的斜线（<），这表示________________线。

（10）画出右视图（画在主视图的左侧，只画可见轮廓线）。

班级____________　学号____________　姓名____________

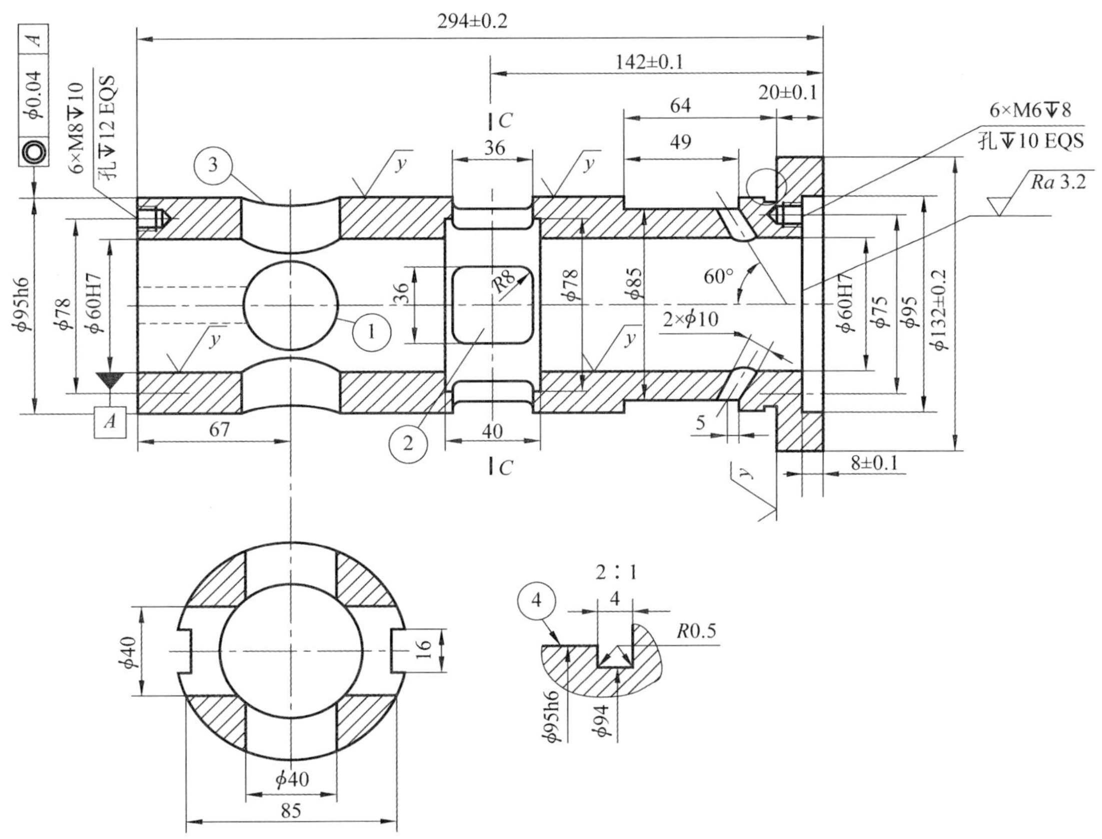

技术要求
1.锐边倒钝，未注倒角$C2$。
2.全部螺孔均有倒角$C1$。

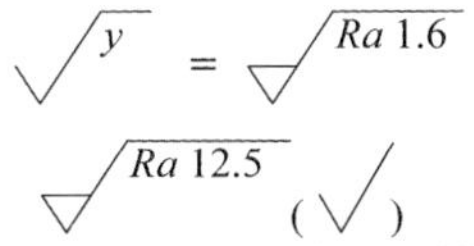

设计			45	（单位）
校核				套筒
审核			比例 1∶3	（图号）

班级________ 学号________ 姓名________

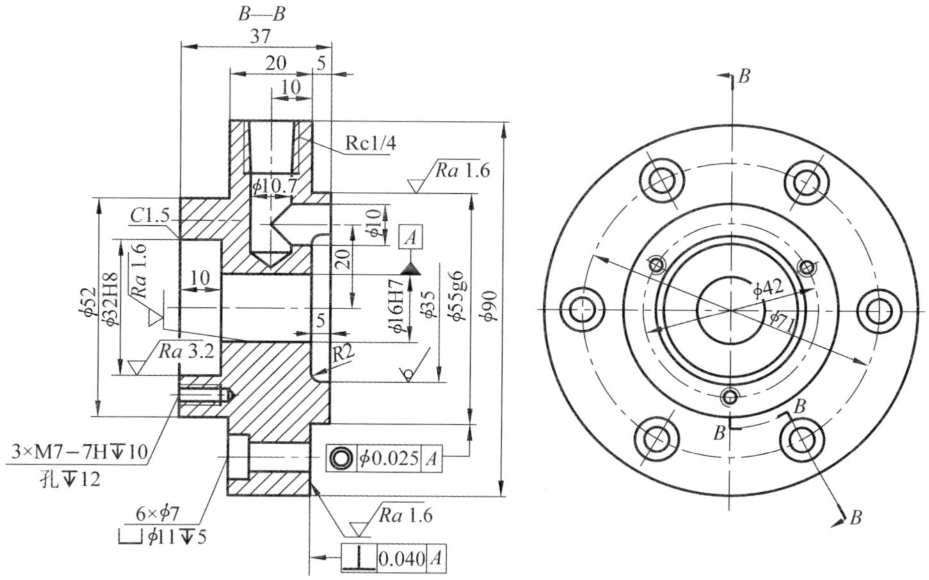

Ra 6.3 （√）

技术要求

1.铸件不能有气孔、砂眼、缩孔等缺陷。

2.锐边倒角C1。

设计			HT150		（厂名）
校核					端盖
审核			比例		（图号）

班级＿＿＿＿＿＿ 学号＿＿＿＿＿＿ 姓名＿＿＿＿＿＿

2-3-1　单个圆柱齿轮的画法

已知直齿圆柱齿轮m=5，z=38，计算该齿轮分度圆、齿顶圆及齿根圆的直径，用1∶2比例补全下列两视图，并标注尺寸（齿顶圆倒角$C2$）。

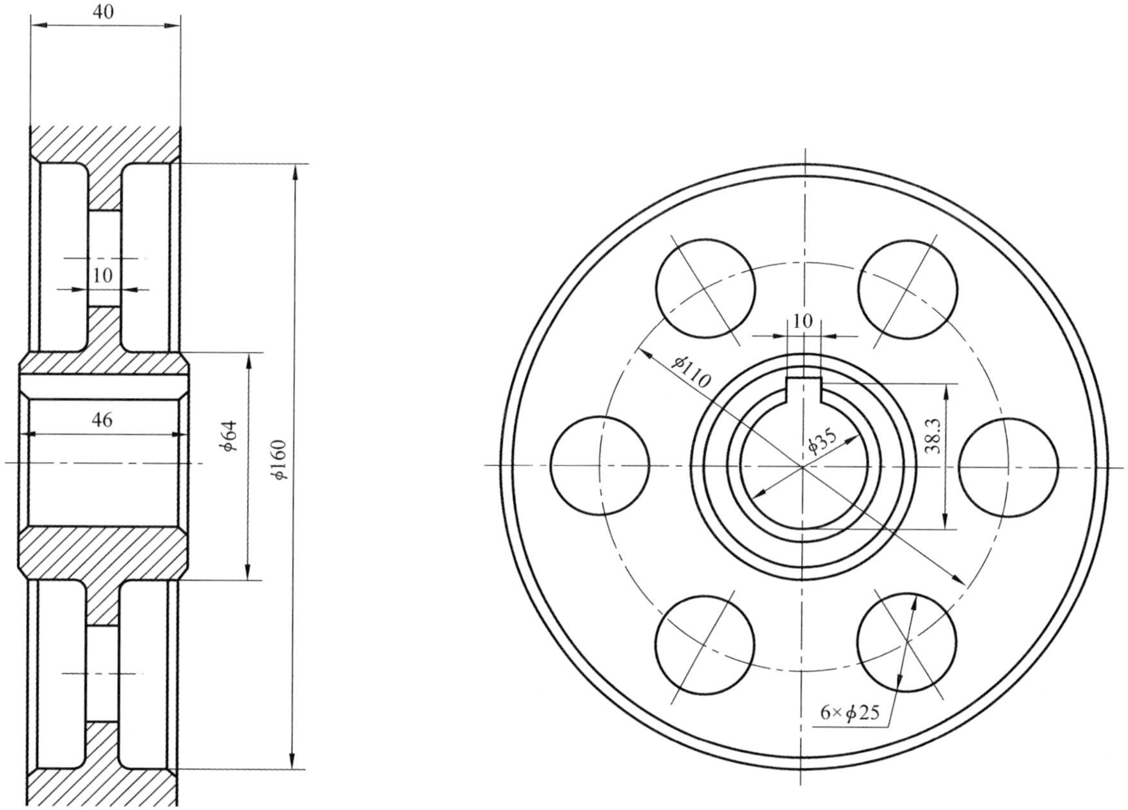

班级__________　学号__________　姓名__________

2-3-2 补全圆柱齿轮啮合区的图线

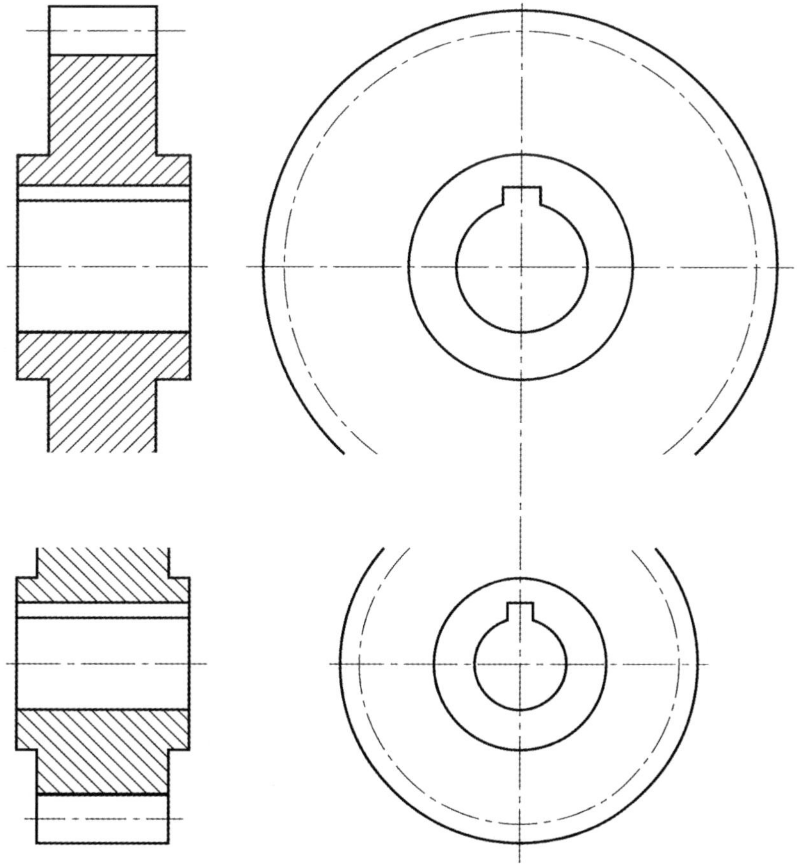

班级__________ 学号__________ 姓名__________

2-3-3 读拉马装配图，并回答问题

拉马是用来拆卸两个紧密配合零件的工具，是机械维修中经常使用的工具。

（1）拉马共由__________种零件组成，其中5号零件数量为__________，材料是__________。

（2）装配图中主视图采用了__________剖视和__________剖视，俯视图采用了__________处的__________剖视和__________画法。

（3）主视图下方用双点画线表示的是__________和__________两个机件，这叫__________画法。

（4）件1和件3是__________连接，件1和件6的配合表面是__________面，该面的定形尺寸为__________。

（5）图中 ϕ10H8/k7尺寸是件__________和件__________的配合尺寸，配合制度为基__________制，配合性质为__________。

（6）若把图示紧密配合的两机件拆卸开，应先通过件__________旋转件__________带动件__________向下运动顶出机件。

（7）1号件的正确视图代号（见下左图）是__________。

（8）3号件的正确视图代号（见下右图）是__________。

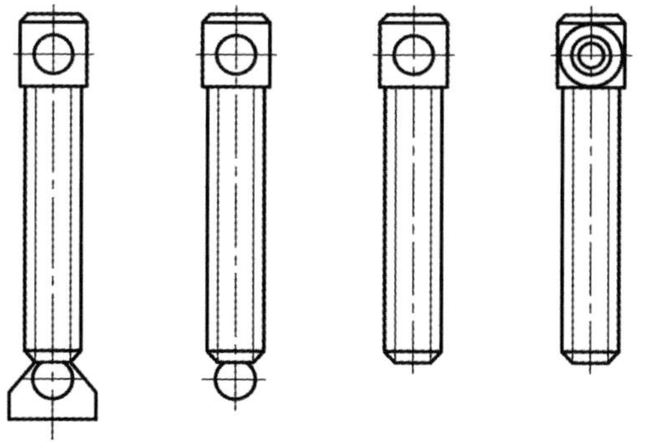

（a）（b）（c）（d）

1号件

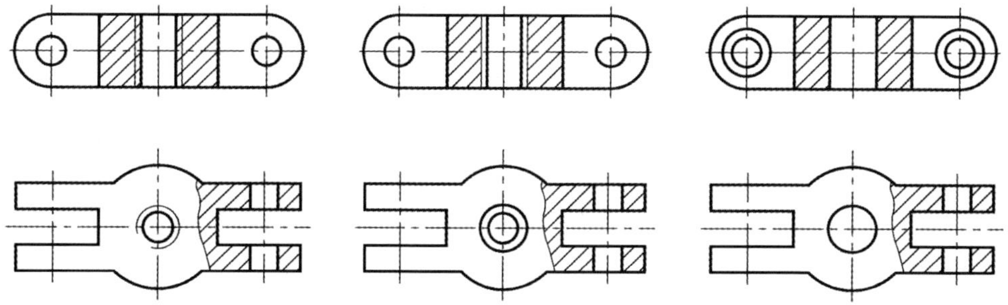

（a）（b）（c）

3号件

班级__________ 学号__________ 姓名__________

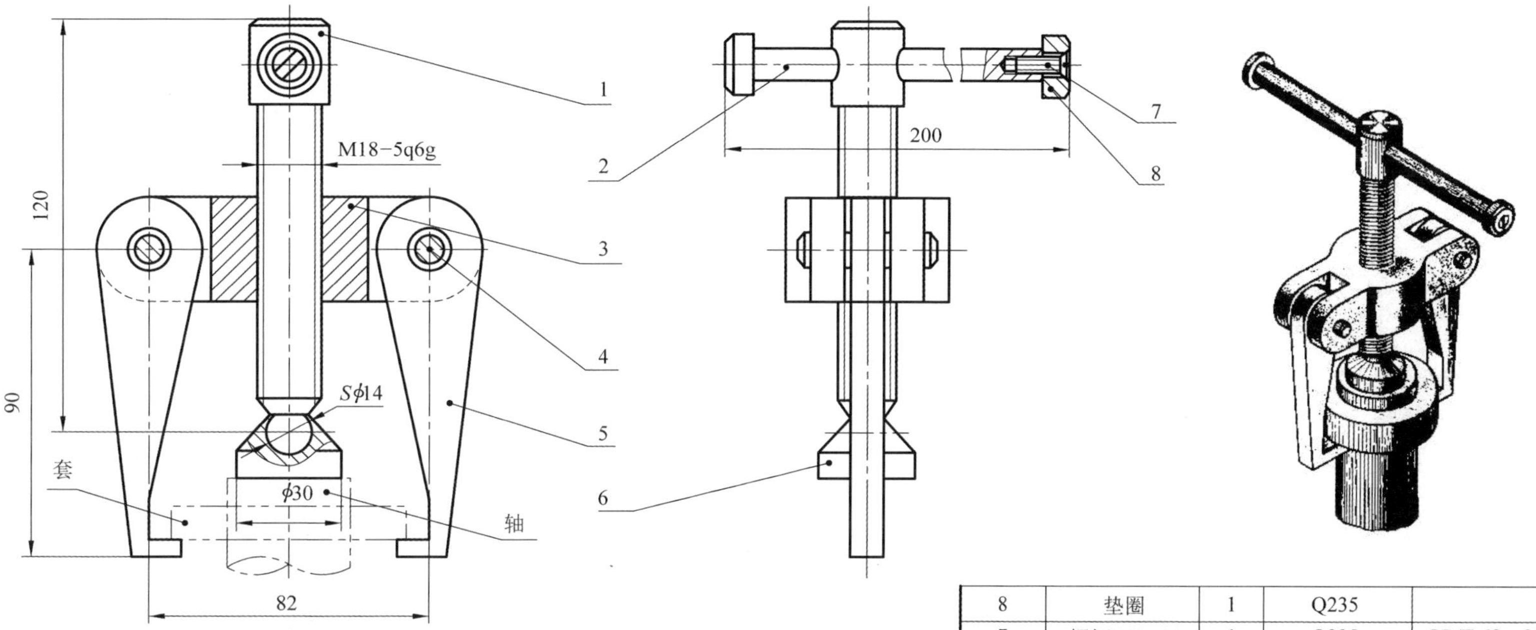

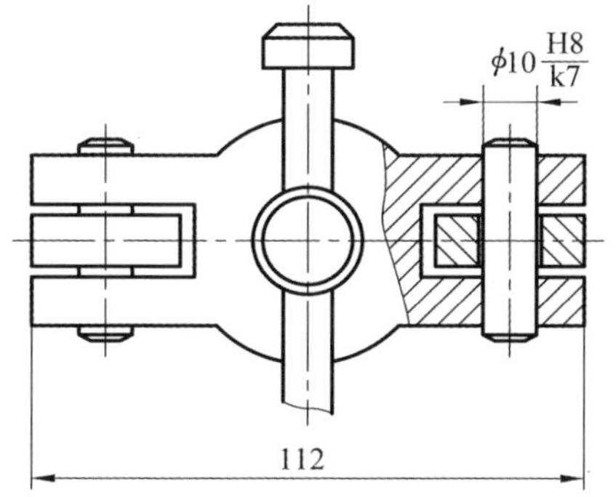

8	垫圈	1	Q235	
7	螺钉 M8×16	1	Q235	GB/T 68—2016
6	压紧垫	1	45	
5	抓手	2	45	
4	销轴	2	Q235	
3	螺纹	1	Q235	
2	把手	1	Q235	
1	压紧螺杆	1	45	
序号	名称	件数	材料	备注
设计				（单位）
校核				拉马
审核			比例	（图号）

班级________ 学号________ 姓名________

2-3-4 读换向阀装配图，并回答问题

换向阀的工作原理：

换向阀用于在流体管路中控制流体的输出方向。在右图（与装配图一致）所示情况下，流体从右边流入，因上出口不通，故从下出口流出。当转动手柄4，使阀芯2旋转180°时，下出口不通，流体从上出口流出。根据手柄转动角度的大小，还可以调节出口处的流量。

读换向阀装配图并填空：

（1）换向阀共由______种零件组成，其中标准件有______种。

（2）换向阀装配图采用_______个图形表达，分别为______________、______________、______________、______________。

（3）主视图采用____________视图，主要表达各零件之间的____________。

（4）俯视图采用______视图，俯视图和左视图主要表达____________。

（5）*A—A*断面图表示_______和_______之间的装配关系。

（6）换向阀的规格尺寸是______________。图中标记Rp 3/8的含义如下：Rp是______________代号，它表示______________螺纹，3/8是____________代号。

（7）3个ϕ8孔的作用是______________，其定位尺寸是______________。

（8）锁紧螺母的作用是______________。

（9）换向阀的外形尺寸是：长__________、宽_________、高_________。

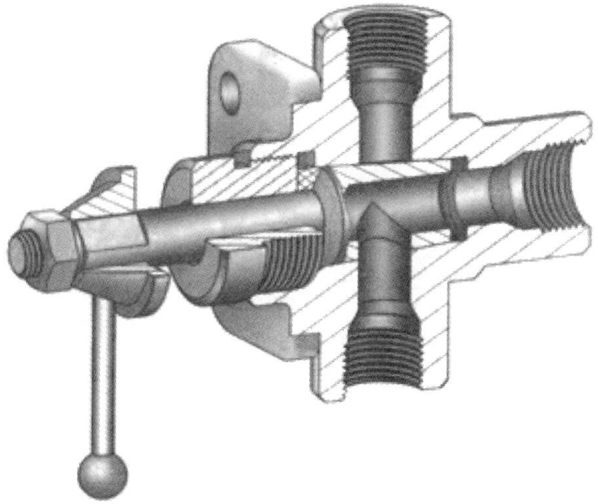

班级____________ 学号____________ 姓名____________

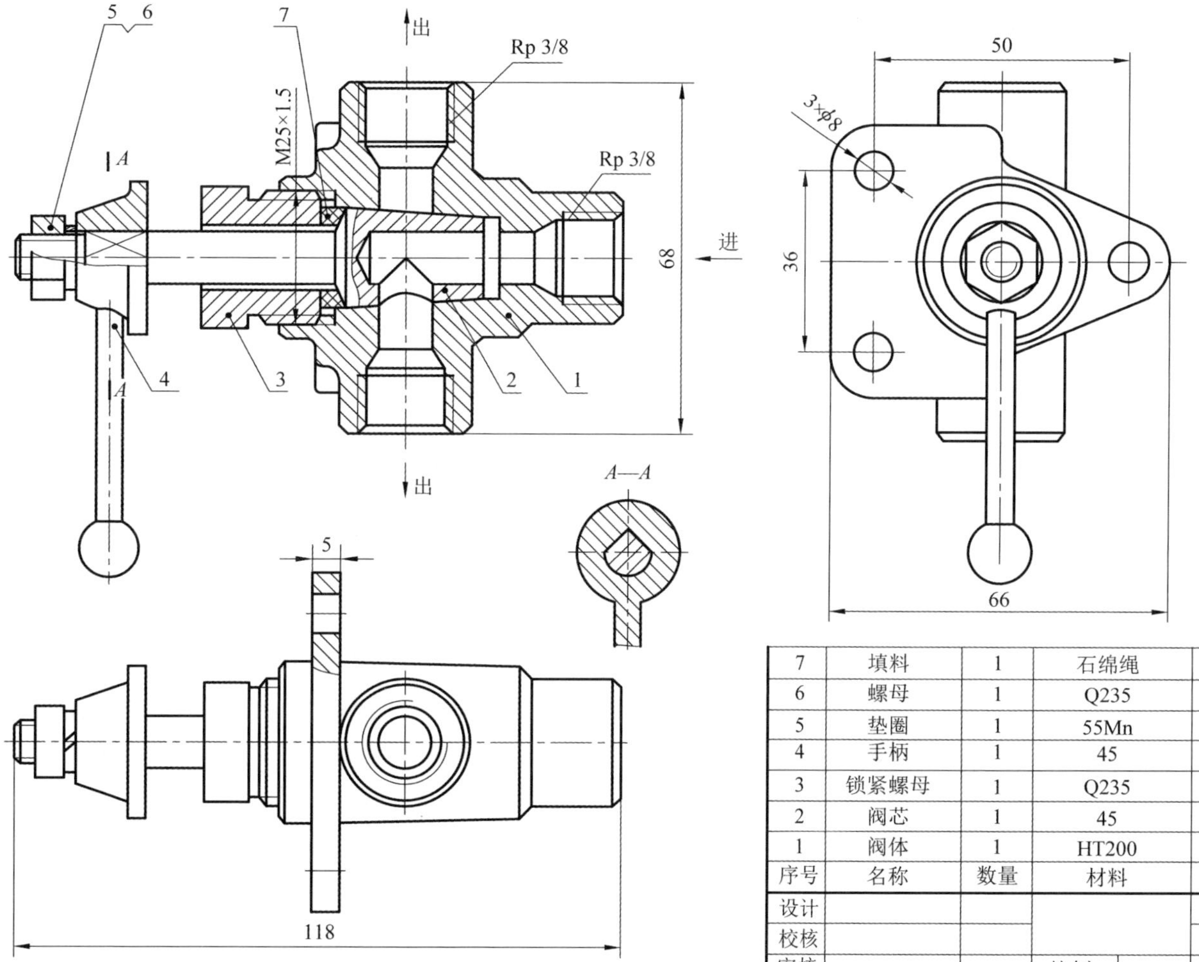

序号	名称	数量	材料	备注
7	填料	1	石绵绳	
6	螺母	1	Q235	GB/T 6170—2015
5	垫圈	1	55Mn	GB/T 93—1987
4	手柄	1	45	
3	锁紧螺母	1	Q235	
2	阀芯	1	45	
1	阀体	1	HT200	

设计				（单位）
校核				换向阀
审核			比例	（图号）

班级__________ 学号__________ 姓名__________

2-3-5 读机用虎钳装配图，并回答问题

机用虎钳的工作原理：

机用虎钳是安装在机床工作台上，用于夹紧工件，以便切削加工的一种通用工具。工作时可通过扳手旋转螺杆8。螺杆8两端是固定的，它不能沿着轴线方向运动，这就迫使螺母块9连同装在其上的活动钳身4一起左右移动，以达到松开或夹紧工件的目的。

（1）机用虎钳共用____个视图表达，主视图的表达方法是____________，其主要表达各零件之间的________关系；左视图的表达方法是___________；俯视图的表达方法是__________。

（2）从B向视图中可以看出，在件2（钳口板）工作表面上设计有45°双向凹槽结构，其目的是______________________。

（3）机用虎钳共由__________种零件组成，其中标准件有________种。

（4）机用虎钳夹持工件厚度尺寸的范围是______________。

（5）钳口板2与活动钳身4、固定钳身1是通过__________连接的。

（6）图中共有______处配合尺寸，左视图中$\phi 20\frac{H8}{f7}$表示件______和件______之间是________配合。

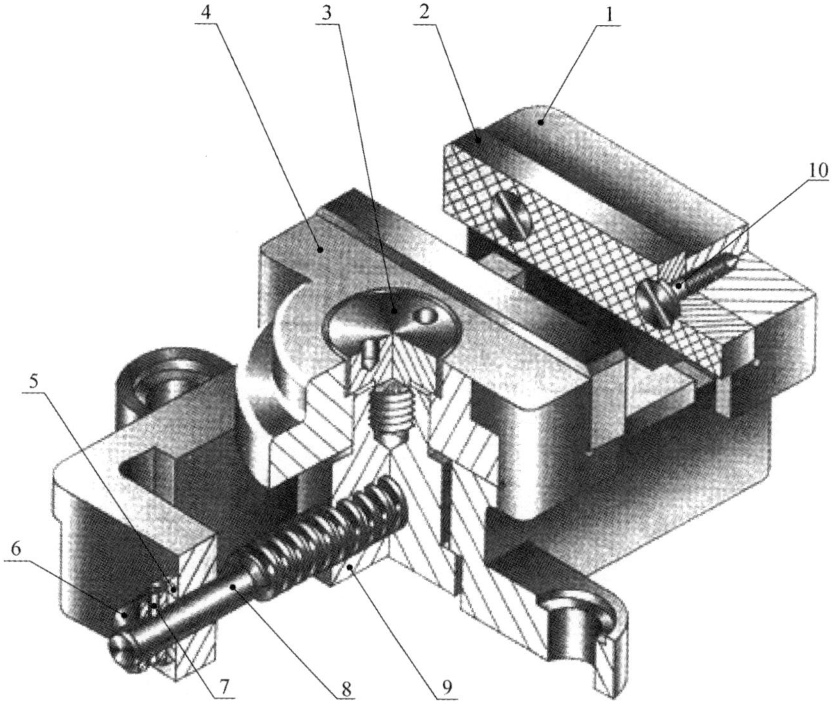

（件11为垫圈，见装配图。本图中不可见，故未作标识）

班级____________ 学号____________ 姓名____________

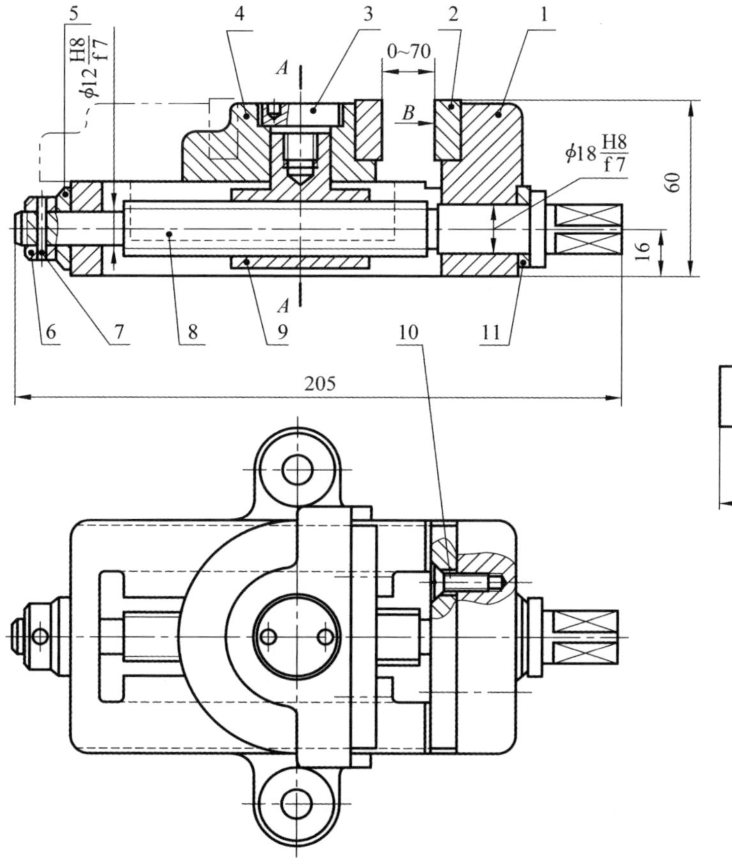

A—A

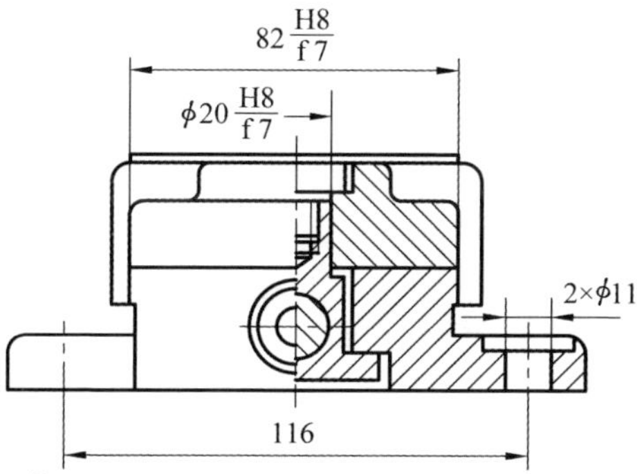

件2 B

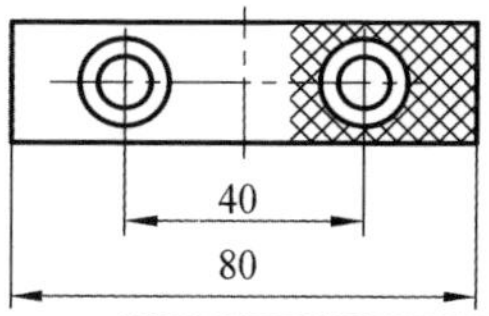

技术要求

装配后应保证螺杆转动灵活。

序号	名称	数量	材料	备注
11	垫圈（二）	1	Q235A	
10	螺钉 M8×18	4	Q235A	GB/T 68−2016
9	螺母块	1	Q235A	
8	螺杆	1	45	
7	圆柱销 A4×20	1	35	GB/T 119.1−2000
6	环	1	Q235A	
5	垫圈（一）	1	Q235A	
4	活动钳身	1	HT200	
3	螺钉	1	Q235A	
2	钳口板	2	45	
1	固定钳座	1	HT200	

设计				（单位）
校核				机用虎钳
审核			比例	（图号）

班级__________ 学号__________ 姓名__________

参 考 文 献

[1] 钱可强. 机械制图习题集[M]. 5版. 北京：高等教育出版社，2018.

[2] 胡建生. 机械制图习题集[M]. 北京：人民邮电出版社，2014.

[3] 王晨曦. 机械制图习题集[M]. 北京：北京邮电大学出版社，2012.

[4] 李学京. 机械制图和技术制图国家标准学用指南[M]. 北京：中国标准出版社，2013.